Computational Optical Imaging: The Next Generation Optoelectronic Imaging Technology

计算光学 带来的成像革命

邵晓鹏 —— 著

 化学工业出版社

·北京·

内容简介

本书以科普的形式，详细阐述了计算光学成像的基础知识和实践应用。

通过专题讲解的形式，深入浅出地讲述了光场、光学系统设计、偏振、散射成像、相位、计算照明、计算光学成像中的数学问题、计算成像的编码等计算光学成像的关键技术，阐述了超快成像技术、计算探测器、深度学习、超分辨率、量子成像、微纳光学等前沿技术与计算光学成像的融合。

本书用通俗易懂的语言、形象直观的插图，将计算光学成像技术娓娓道来，不仅可以为计算光学和光学成像等领域的初学者建立一个完整的理论体系，帮助其更好地理解这门学科；而且能够为广大计算光学领域的从业人员提供参考，使其短时间内对某个专题有较为深入的认识，更好地做好研究和应用工作。

图书在版编目(CIP)数据

未来视界：计算光学带来的成像革命/邵晓鹏著. —北京：化学工业出版社，2023.6（2024.11重印）

ISBN 978-7-122-43793-8

Ⅰ.①未… Ⅱ.①邵… Ⅲ.①光学系统-成像系统-研究 Ⅳ.①O43

中国国家版本馆CIP数据核字（2023）第122261号

责任编辑：贾　娜　　　　　　　　装帧设计：史利平
责任校对：张茜越

出版发行：化学工业出版社（北京市东城区青年湖南街13号　邮政编码100011）
印　　装：北京宝隆世纪印刷有限公司
710mm×1000mm　1/16　印张18¼　字数308千字
2024年11月北京第1版第3次印刷

购书咨询：010-64518888　　　　　售后服务：010-64518899
网　　址：http://www.cip.com.cn
凡购买本书，如有缺损质量问题，本社销售中心负责调换。

序

计算光学成像是下一代光电成像技术，其利用"计算+信息"的模式，打破禁锢成像技术发展200余年"物像共轭"的传统思想，这里的"计算"不仅仅是信号处理的计算，更应该理解为"编解码"。因此，计算光学成像是一门基于信息编解码的成像科学，其本质是光场的获取和解译，通过编解码的物理过程进行信息升维处理。

计算光学成像发展迅速，目前已有众多分支，如计算光源（编码成像、关联成像）、计算介质（散射成像、偏振成像）、计算光学系统（合成孔径成像、仿生成像）、计算探测器（曲面探测器、多物理量探测器）、计算处理（超分辨率成像、智能处理）等。

邵晓鹏教授长期从事计算光学成像相关理论、技术的研究和教学工作，并带领团队在计算光学成像领域取得了诸多先进的研究成果。目前，计算成像在手机摄影、光学遥感、自动驾驶、生命科学、工业检测等领域有着非常重要的应用。而计算光学成像的应用序幕才刚刚拉开，随着信息处理能力的大幅提升，未来走向大规模应用已是必然。因此，进一步提高计算光学成像技术的研究水平、促进计算成像成果的应用和转化、加快光电成像领域的优秀青年人才培养，是我们当今面临的十分重要和艰巨的任务。我相信，《未来视界：计算光学带来的成像革命》一书能在这些方面有所作为。

《未来视界：计算光学带来的成像革命》的出版对光电类相关专业高校师生、科研人员、工程技术人员具有直接的参考价值；对光电成像的研究、工程化和应用均具有重要的指导意义。我谨向邵教授及其研究团队表示热烈的祝贺，并期待计算成像之花更加绚丽绽放。

中国科学院院士

王中宇

前言

——我为什么要写这些文章？

很多人问我，你为什么要写这些文章？你写这些文章谁看啊？也有人认为这样的文章既不是学术论文，也不是起点低、一看就懂的科普文，不伦不类；更有人说，一个教授写这样的文章有辱斯文。但是从确切的阅读数据和很多读者的反馈来看，我写的这些文章还是广受欢迎的，受众面也不算小，而且更多的是正面评价。

那么，写这些文章的初衷是什么呢？

首先是为计算光学成像正名，让更多的人正确看待计算光学成像。计算光学成像属于新兴交叉学科，涉及多个学科，对此，每个人都有自己的理解，甚至概念解释上也存在各自表述的问题。在计算成像学术圈里，对计算光学有不同的理解，也有不同的解释；在学术圈外，"望文生义"的情况更是屡见不鲜。很多人看到"计算"就联想到了计算机，将其归类为计算机科学学科。在计算成像的发展初期，就出现了"Computational Imaging"与"Computational Photography"共存的现象，到了国内自然就有了不同的翻译，也造成了些许的混乱。大家遵循先入为主这一传统，一旦叫惯了就不愿意改，其实这有什么关系呢？内涵没有变，做的事情是一样的。再到后来，光学专家觉得加上"光学"二字更聚焦，于是，"计算成像"也就变成了"计算光学成像"。

其次是应工业部门的应用需求。近年来，计算光学成像很火，工业部门作为应用单位，经常会被这些"花里胡哨"的词侵染，既不敢大胆肯定，也不敢轻易否定，有时就会出现这样的场面：经费花了一大把，却解决不了实际问题。最严重的是后遗症，题目立了，虽然没有解决问题，但却把后面的路堵死了，很难再立新题。工业部门面对的是解决实际问题，而很多学者却更偏向发表学术水平高的论文，于是就出现了两个看起来"目标一致"，结果却大相径庭的情况。

不考虑边界条件泛化技术在学术界里很流行，工业部门经常看到的是论文、PPT中结果好的一面，却没有看到边界条件，而这个边界条件经常会被有意无意地弱化。其实，更糟糕的是坐在课堂里的学生成了受害者，他们很多人也不去考虑边界条件，结果可想而知。前几天，我教过的一个学生，现在是一个实验室的首席科学家，打电话告诉我，他读了我其中的一篇文章后，"心里拔凉拔凉的"，他们立了一个项目，现在看基本没有希望能做出来，他说希望这样的文章更多一些。之前，更有多个朋友向我反馈，他们的"大总师"读了我的这些文章之后也给出了很高的评价，他们能够很轻松地理解计算光学，尤其是我在这些文章中都把边界条件考虑进去了，防止他们"踩雷"。

然后是计算光学成像自身发展的需要，建立起计算光学的知识体系，梳理知识点，引导计算光学技术朝着正确的方向发展。计算光学的发展很迅猛，因为涉及光学、信号处理和数学等多个知识体系，研究者众多，同时也造成了研究方向的纷杂以及知识体系的零乱和不完备，这时候需要有人来梳理。这种情况实际上在每个学科方向上都会出现，但是，梳理这些内容不仅费力，而且很难有"收获"。我在《光子学报》上发表了一篇"计算成像体系与内涵"的论文后，受到了广泛的关注，有很多单位邀请我做报告、做学术研讨。

可能与大部分学者不同的是，我长期与工业部门打交道，对用户需求关注更多一些；同时，我也是高校的教授，深谙高校学者学术之路，对前沿技术也特别关注。我会用比较客观的眼光来看待这些问题，尤其是我在计算光学的发展方向和重点领域都做了相应的部署。作为一门新兴的学科方向，需要有人梳理研究方向，建立起完整的学科体系，尤其是指出发展的重点，尽量避免为了热点一拥而上，造成资源的浪费。其实，目的还是为了解决应用的问题。在计算成像中，有很多非常重要的问题没有人去研究，我想借助这种模式推动更多人去认识问题，研究这些重要的内容。

最后是普及计算光学知识，培养从事计算光学的群体。论文一直是传播知识的主流，但论文的发表受到太多因素的约束，内容上一般不会成体系地论述，而且文字方面也有很多限制。但科普文不同，在自媒体发达的时代，科普文能以更灵活快捷的方式发布，尤其在内容上，可以不受论文格式的约束，能够更成体系地深入论述问题，把一个问题说清楚。系列科普文各自成章，整体上可构成体系，同时具备科普的特点，能够为广大从事计算光学的研究者提供参考，帮助其在短时间内对某个专题有较为深入的认识，更好地做好研究工作。

大学教授有其社会责任，其中一个较大的责任就是向社会提供科学技术宣传普及。我亲历了计算光学的发展，联合国内的单位建立了计算成像联盟这样的创新共同体，主办过多次计算成像的全国性专题会议，这些都是很好的形式。这些科普文章主要面向的还是有一定相关背景基础的人群，同时也需要一定的物理基础。我更希望的是能够正确引导从事计算光学研究的人员面向需求，选择方向，引起工业部门关注新技术的发展，做出科学的决策，用好技术。当然，我也希望管理部门的人员能够关注计算光学，在管理决策方面能够更加宏观把控，合理布局。

感谢一路支持我的朋友们！感谢我团队的老师和同学！感谢给我们提出宝贵意见的读者！

目录

下一代光电成像技术：计算光学成像

计算光学成像是下一代光电成像技术，是光电成像技术步入信息时代的必然产物，其本质是光场信息的获取和解译，是在几何光学成像的基础上有机引入物理光学信息，以信息传递为准则，通过强度信息解译更高维度的信息。计算光学可以理解为信息编码的光学成像方法。

1. 什么是计算光学成像

光电成像的本质是光场信息的获取与解译，这里的光场是指光的强度、偏振、光谱、相位等物理量在空间中的分布，与光场相机描述的那个光场不同，那是一个纯几何光学描述的强度分布信息。

传统光电成像建立在几何光学的基础上，光场信息的获取是记录了二维的空间面上的光强度分布，与人眼视觉相似，所见即所得，一般没有光场解译的过程。但是，我们应该能意识到，进入到成像系统的信息实际上多于我们所见的图像，这也就意味着有部分信息其实是可以进行解译的。

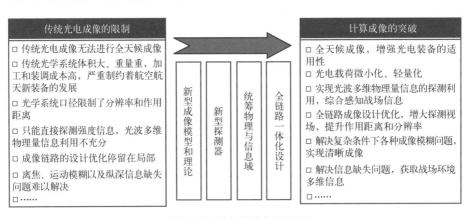

▲传统光电成像与计算成像的关系

计算光学成像是光电成像技术在信息时代发展的必然。我们可以做如下定义：计算光学成像在传统几何光学的基础上，有机融入了物理光学的信

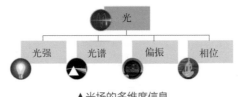

▲光场的多维度信息

息，如偏振、相位、轨道角动量等物理量，以信息传递为准则，多维度获取光场信息，并结合数学和信号处理知识，深度挖掘光场信息，通过物理过程解译获取更高维度的信息。

我们通常指的计算成像，其实就是计算光学成像。计算光学成像最早的叫法是"Computational Photography"，是由 Computer Science 的学者命名的，中文多翻译为"计算摄影"。包括"光场相机"，都不是光学专家提出的。在这里，我们要感谢计算机信息领域的学者，他们走在光学的学者前面。随着压缩感知和计算成像技术的快速发展，更多的光学专家也开始关注在传统的光电成像中加入光学编码，然后进行解码，从而获得景深等信息。他们认为成像就是"Imaging"，所以，更多人开始接受以"Computational Imaging"替代"Computational Photography"。实际上，这是一回事。逐渐地，越来越多不同领域的科学家开始从不同的视角去看计算成像，于是，从事计算成像的人越来越多，计算成像成为研究热点。

特别要注意，"计算成像"这个词是由 Computer Science 的研究人员最先提出来的，这里的"计算"不仅仅是信号处理的计算，其实我们应该理解为"编解码"（Coding/Decoding）。光学的编码有很多种方式：孔径编码、波前编码、探测器编码，等等，所以，**计算光学成像可以理解为信息编码的光学成像方法**。

2. 为何要发展计算成像

几何光学给我们带来了很大的便利，系统简单易用，工业化体系完备；但是，我们也看到了几何光学存在的物理限制，在测距、视觉测量等方面受限因素颇多，一般能达到的精度为 $10^{-2} \sim 10^{-3}$ 数量级，难以实现 $10^{-5} \sim 10^{-6}$ 这样数量级精度的跨越。我们知道，激光测距可以达到 10^{-6} 这样数量级的精度，原因就是在模型中引入了相位测量，属于典型的物理光学应用。

那么，如果能将物理光学引入成像模型中，通过信息编码/解译获得超越几何光学成像的极限，这便是计算成像。我们期望计算成像技术能够突破传统光电成像的极限，通过信息赋能方式，步入信息时代。光学成像朝着**"更高、更远、更广、更小、更强"**发展，即更高的分辨率、更远的作用距离、更广的视场、更小的光学成像体系、更强的环境适应性。具体可以查阅《计算成像技术及应用最新进展》[1]和《计算成像内涵与体系》[2]等

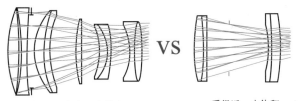

看得远：复杂、大体积   看得近：小体积

▲传统光学系统设计与计算光学系统设计

论文，在此不赘述。

　　光学成像普遍存在"看不远""看不清"，受环境影响严重等问题；看清楚了视场又不够，要"看得远、看得清"，光学系统的体积就会变得很庞大。如何解决这些矛盾，传统成像已陷入了困境，于是，**计算成像就成了21世纪光学成像领域的"那一片乌云"**。

3.　计算成像发展过程中面临哪些问题

　　计算成像的初衷很好，就是将物理光学有机地融入几何光学成像中，但是，随着研究的深入，我们发现：现代成像光学的理论大多建立在线性模型的基础上，傅里叶光学、光学系统设计、傍轴光学等无一例外都是线性模型，成像探测器是平面的，量化和采样遵循奈奎斯特定律。当我们习惯了线性模型的时候，大多数时候会认为线性模型是天经地义的，似乎不存在非线性模型这一说法。

　　熟悉图像处理的人都有过这样的经历，设计一种算法的时候都会用Lena、CameraMan等标准图像去实验、对比其他算法。但是，我们会发现，当把这些方法运用到实拍图像时却效果一般，甚至很差。于是，很多人都回避这样的问题，只展现出"最好"的那一组结果，证明算法的有效性。其实，导致这一结果的原因是这些标准图像都是在很大幅面的图像中选取了线性度最好的一部分，于是，这些算法应用于线性度很好的图像确实会有很好的结果，但是，应用到实拍的整幅图像中则效果不佳，这恰恰告诉我们：线性是一种美好的愿望，假设而已。

　　其实，这样的例子很多，比如在透过散射介质成像中非常有名的"光学记忆效应"，其实也是一种线性近似。

　　于是我们发现，我们赖以"干活"的工具原来都是线性的，也就是说现

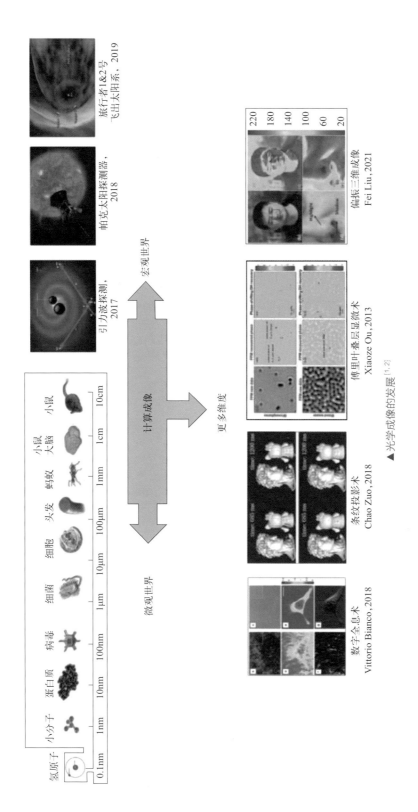

▲ 光学成像的发展 [1,2]

代光电成像的理论模型都是线性的，只适用于线性条件。当我们对成像提出更高要求时，线性模型无能为力了，我们干不了活了。

那么，计算光学成像在发展过程中到底面临哪些问题？

首先是计算成像的理论模型问题，其次是信息在成像过程中的传递以及对信息的度量问题，然后是光场在成像全链路中的变化过程，直至全光场信息经由探测器投影后信息如何重建。

4. 计算成像有哪些种类

维基百科对计算成像的描述是：凡是在成像过程中引入计算的都属于计算成像。从这个描述可以看出，几乎所有的光电成像都可以纳入计算成像的范畴，甚至**图像处理在广义上也可以认为是计算成像**。

我们可以从很多维度上对计算成像技术进行分类，之前我在《计算成像内涵与体系》一文中对计算成像的体系做了详细的分析，从应用和成像链路两个维度做了分类。

首先，在应用维度上，我们可以从"更高、更远、更广、更小、更强"进行分类，这种分法有助于对计算成像的应用进行推广。

▲计算光学系统设计流程

然后，在学术维度上，可行的方法是在光电成像的链路上进行分类：计算照明、计算介质、计算光学系统、计算探测器和计算信号处理。在这个维度上，我们很容易从成像全链路上分析全光场发生变化的情况，从而做全局的最优化设计；也比较容易从局部引入物理光学相关信息，突破几何光学的限制。

举一个"计算光学系统"的例子，传统光学系统是建立在几何光学的基础上的，像差和调制传递函数是约束光学系统设计的主要因素，我们所见到的高级镜头多是又重又大又贵，想缩小体积是很难的。手机摄影的发展促使光学系统必须要做小，但传统的方法很难实现。近几年，出现了很多基于超表面、微纳光学技术的新型光学系统，超薄、超小、超轻是它们的标签，但光谱窄、透过率低、成像质量差也是它们的特点。其实，我们可以从光场信息的传递上来分析这些问题，也可以在传统光学的基础上加上新的技术进行平衡设计，以达到更优化的结果。

5. 计算成像发展的现状怎么样

计算成像的发展很快，热度很高，新技术也层出不穷。我在《计算成像技术及应用最新进展》一文中对计算成像的发展有一些描述，具体可以参阅。从"计算成像技术与应用研讨会"和"国际计算成像技术"两个会议的参会人员来看，参会人数很多，涉及的领域也很多：散射成像、超分辨率成像、生物医学成像、光谱成像、光学系统设计、微纳光学，等等。那么，我们思考一下：为什么参与计算成像研究的人那么多？正如前面所述，光电成像的应用在很多领域已难以满足我们的需要了，比如：透过车窗如何看清坐在车里的人？手机屏幕能不能在保留前置摄像头的前提下去掉"刘海"？手机的镜头能不能不凸出？雾霾天是否还能看清楚？宽谱的光学合成孔径如何实现？光学成像能否像科幻电影里一样可以无限放大图像？被动成像能否高精度获得深度信息？……这些问题一直困扰着研究人员，也是促进计算成像发展的动力。于是，不同领域的研究人员使出了"八仙过海"的神通，在各自的领域中开拓发展计算成像技术，紧接着，百花齐放的景象就出现了。这对计算成像的发展无疑是很好的促进，但是，我们也应该看到，重复研究、局限于局部视角看问题，甚至想单一技术解决所有问题的想法都已出现，因此，在这个时候需要提出计算成像的体系建设问题。《计算成像内涵与体系》一文重点讲的就是这个内容，希望相关人员能够从全局的观点看问题，以计算成像基础理论作为牵引，发展计算成像技术。

6. 计算成像的未来是什么

那么，计算成像的未来是什么？会给我们带来哪些新的变化？

正如本节开始所言，计算成像是下一代的光电成像技术，是光学成像步入信息时代的必然产物，其结果是颠覆传统光电成像，突破现有成像技术的局限，实现"更高、更远、更广、更小、更强"，解决前文提出的诸类问题。

未来，光电成像将以全新的方式出现，在以传统几何光学为基础的成像中，引入了物理光学的元素，被动的光电成像系统中也将会有距离信息、方位信息，离焦、运动模糊等现象将不复存在，宽谱非相干的合成孔径成为现实，多个相机的排列可以合成大口径实现高分辨率成像，单个相机的凝视成像也能超分辨率，光电成像可以由计算实现自适应环境，抵御恶劣环境对成像的影响。同时，计算成像也是革命性的，传统成像是建立在稳定约束条件下的，而计算成像则引入了非稳态元素，这将引起**传统光学制造、检测工业的革命**，评价方法、测量方法、计量手段都发生了新的变化。

举个例子，超大口径的天文望远镜是非常复杂的系统工程，不仅表面面型要稳定控制，而且镜面的精度要求也非常高；加工和检测的要求极高，加工周期和成本与口径大小呈指数关系。可以想象，加工超过10米口径的望远镜，难度极高。但计算光学技术的引入，将改变这一现状，不仅对面型放松了要求，而且加工精度也放松了很多，甚至引入编码技术，可以降低对焦难度，获取更大的景深，甚至能够获得光谱的信息。

另外一个例子是手机，多种光学合成孔径技术的应用可以使得相机"越看越清楚"，克服雾霾也指日可待。偏振成像技术应用到手机中，可以直接获得"立体"视觉，可以作为"全息成像"的视频源；手机摄像也可以用于日常的光学测量，例如买房时测量使用面积、物体尺寸的测量，等等。我想，这应该算是在光电成像中的一次信息革命吧。

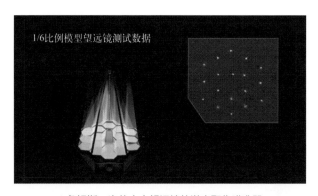

▲詹姆斯·韦伯太空望远镜的激光聚焦瞄准器

光场：
计算光学的灵魂

计算光学的本质是光场的获取与解译，无疑，光场扮演着非常重要的角色。随着研究的深入，我们发现：光场是作为计算成像的灵魂存在的。

光场的本质是光的物理属性在空间和时间维度上的分布特性。光场到底应该怎么描述？光场的形式是什么？在计算光学中，光场扮演什么角色？我们该怎么利用光场？这就是以下要讲的内容。

1. 什么是光场

我们先看看什么是光场？

大多数人一看到"光场"这个词，很自然就联想到"光场相机"。这里需要说明一下：计算成像中的"光场"也是Computer Science领域的学者定义的"Light Field"，是指除了包含原图像矩阵中的空间坐标(x, y)和强度I外，还有光线入射的角度信息(θ, φ)。

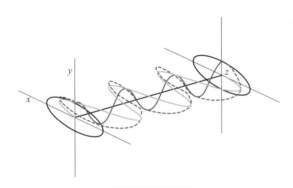

▲光场传输示意图

这段历史其实可以追溯到1991年，MIT（麻省理工学院）的E. H.Adelson教授和James R.Bergen教授指出，基础视觉可以认为是沿着单一函数的一个或多个方向的局部变化，描述了光照射到观察面的信息结构。一旦定义了这个函数，各种潜在的视觉属性（如运动、颜色和方向）的测量就能够自动分离出来。这个函数被称为**全光函数**，表示为：$L(x, y, z, \theta, \varphi, \lambda, t)$，其中，$(x, y, z)$为空间位置，$(\theta, \varphi)$是光线入射角度，$\lambda$代表颜色，$t$为时间，这就是著名的"七维光场"。光场相机的那个"光场"其实是"四维光场"。

我们要注意，E.H.Adelson教授是Computer Science视觉领域专家，光学界的专家后知后觉地发现"光场"的地桩已经被别人打过了。于是，很多人开始琢磨创新：这个模型里没有偏振信息，应该引入偏振P这个物理量，变成"八维光场"；再后来，出现了涡旋光的潮流，又有人说轨道角动量也是光的属性，可以拓展为"九维光场"。可想而知，如果哪天可以探测光子自旋了，那光子自旋之类的物理量应该也必须加入光场函数中。那就表示，光场函数到底有多少维，似乎变成了"玄学"问题。

2. 从物理学的角度看光场

从以上的论述可以看出，其实"光场"这个概念在Computer Vision中描述的是空间中（x，y，z）、运动的（t）、颜色的（λ）、具有深度信息（θ，φ）的物体，这恰好是机器视觉需要的。不过，这种描述很不"物理"，比如：λ是指颜色，而不是光谱！

那么，物理上应该怎么去描述光场？我们已经知道，强度（I）、相位（φ）、光谱（λ）、偏振P（DoP，AoP）等都是光的物理属性，加上空间坐标（x，y，z），这些量就构成了整个光场信息。可是，（θ，φ）哪里去了？这两个量其实是从光场相机引出来的，指光场相机里由两个面（x，y）和（u，v）计算出来的夹角描述"光线"的方向，从而计算出景深（Depth of View），获得z这个深度信息。现在应该清楚了，空间坐标（x，y，z）中的z就代表了（θ，φ）。实际上是一个问题从不同角度看而已。

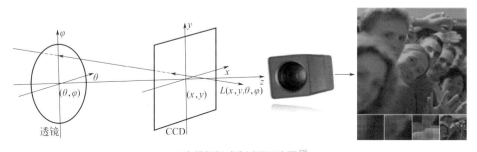

▲光场相机成像过程示意图[3]

光场还随着时间的变化而变化，在机器视觉的应用中其表现形式就是视频。因此，光场的特点是：**光的物理属性在空间和时间维度上的分布特性，即光场实际上有三个维度集——物理维度集、空间维度集和时间维度集**。其中，物理维度集是最复杂的，包含强度、相位、光谱、偏振、量子信息等，且这些物理量在很多时候没办法同时测量，甚至很多量是间接测量的。

所以，测量"全"光场信息很难很难，同时，"全"光场信息在实际应用中没有意义。因为我们关注的往往是光场信息在若干维度上的投影，例如：图像就是强度（色彩）信息在平面上的投影，视频是强度（色彩）信息在时间维度和平面上的投影，偏振成像是强度（色彩）、偏振度、偏振角在平面上的投影，光场相机是做强度（色彩）在三维空间上的投影。

来看一个例子：当一个小球进入到"纯净"的空间背景时，光场会随之发生变化，运动中的小球各种状态都体现在光场的变化中。好比一潭静水，一滴水滴入后打破了原先的平静，荡起了涟漪，引起了水波的变化。正如我们可以从水波的变化中还原水滴滴入的全过程一样，光场的"涟漪"也能够很好地还原小球在空间的运动状态。

▲水滴落入平静水面瞬间

当小球的运动速度特别快时，如果快门速度跟不上，就会因运动模糊而产生拖尾。同时，我们还发现，尽管可以用视频记录小球的运动状态，却不能做空间定位。目前，成熟的解决方案是交会摄影，用两个以上的相机进行

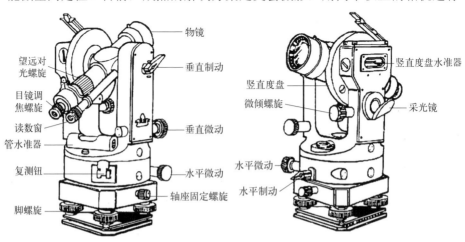

▲光电经纬仪

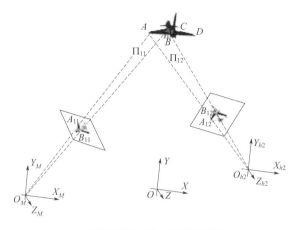

▲光电经纬仪交会摄影示意图

交会测量，其精度与相机间的距离（基线）有关，核心是利用三角几何关系解方程。

能不能换一个思路考虑呢？如果我们把小球运动的光场信息记录下来，就能从光场信息中解译小球的位置、运动速度。而且，一旦有了光场信息，离焦、运动模糊这些常见的问题，将在计算光学中迎刃而解，因为我们记录了相位信息。

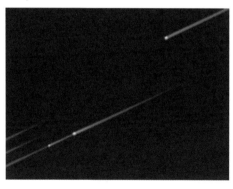

▲小球运动

再举一个例子，能否用一台相机实现3D成像？机器视觉中获取三维信息必须要有两台以上的相机交会摄影才能完成，3D电影也是这样拍摄出来的。那么一台相机能否实现呢？答案是肯定的。按照传统的方法，几乎不可能实现。肯定依然是光场起了决定性的作用。现在，行业里很多人都知道偏振3D成像已经日趋成熟，这正是在传统的几何成像基础上引入了偏振信息的结果。在光场中引入偏振角信息，可以获取法线方向，从而实现偏振3D成像。我们团队研制了一台偏振3D成像的卫星载荷，已于2022年8月发射。另外一

▲左图为强度直接成像（模糊明显），右图为光场成像（无模糊拖尾）

种方法是结构光三维成像，技术成熟度更高，通常以条纹形状的结构光投射到物体表面，单相机拍摄后通过结构光偏移距离求解相位，得到物体的三维信息，这也是在光场中间接引入了相位信息。

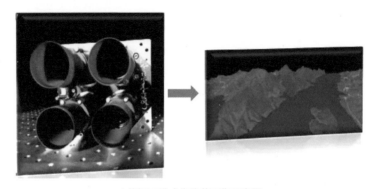

▲偏振三维成像载荷工作示意图

补充一点：光场相机是基于几何光学的，最核心的原理是初中物理课上我们学的透镜成像公式：$\dfrac{1}{f} = \dfrac{1}{u} + \dfrac{1}{v}$，精度上只能做到 $10^{-2} \sim 10^{-3}$，超出 5 米成像范围后精度就会变差，几乎不可用，后面还会详细讲解。另外，最早的光场相机其实是相机阵列的，之后是编码孔径的，现在多为微透镜阵列的。

▲Jason Yang 于2002年在MIT搭建的近实时相机阵列及成像结果[4]

▲ Levin A在2007年的编码孔径相机及其成像结果[5]

3. "全"光场的意义是什么

　　既然"全"光场在应用上没有意义，为什么还要去研究"全"光场呢？请注意，这里说的应用上没有意义，并不等于在研究层面上没有意义，恰好相反，在理论研究方面，"全"光场意义重大，因为我们研究的各种成像方式，其本质都是"全"光场在若干维度上的投影，也就是说，当我们获得了"全"光场的信息，就可以在物理维度集、空间维度集和时间维度做各种投影，就可以实现偏振成像、三维成像、光谱成像，等等；而如果我们把物理量、空间和时间做某些变换，再做光场在这些变换域上的投影，就是新的计算光学成像方式，这就成了计算成像的活力源泉。

　　正所谓"有用的最没用，没用的最有用"。因为我们对传统的成像模式太熟，需要解决什么问题，就开始直接从哪个量、哪个维度入手。比如光谱成像，既然需要光谱，我们就用分光元件把宽谱光分解成光谱，再

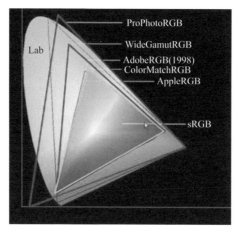

▲色彩空间的示意图

注：图中英文为各软件名称

通过扫描、探测器分区域等部分获得光谱图像，因为平面探测器的原因，要么牺牲时间换空间，要么牺牲空间换时间。如果我们从数学的角度看问题，把这些量统一作为最优化的输入输出，做相应的变换，会获得更优的成像维度，得到新的成像方法。这就像色度学里，色彩空间常见的有RGB、HSI、CMYK和Lab，前三个色彩空间每个量都有其物理意义，而Lab只有L有其亮度的物理意义，a和b都是变换量，没有物理意义，但我们知道，Lab的色域覆盖范围是最广的。从这个例子能得到一个启示：在计算光学中，我们也可以做类似的变换域，在变换域中解决问题，可能会获得更多更好的结果。

　　既然光场那么重要，我们就需要多了解光场，深入研究光场从光源到介质、光学系统、探测器各个链路上的分布变化，更能够凝练出光场的传播规律，发展计算光学。从这个层面来看，光场就是作为计算光学的灵魂而存在的。

　　一方面，我们可以从理论上分析光场的分布，另一方面，可以从实验中获取光场数据。物理光场的仿真研究很多，但多为部分物理量的仿真，覆盖"全"光场的理论仿真没有见到，也不作为这里的重点，此处重点讲述光场如何测量的问题。

4. 如何测量"全"光场

　　既然"全"光场那么重要，那么，有没有测量"全"光场的仪器呢？答案是没有！如此一来，研制一台"全"光场测量的科学仪器就非常重要了，尽管很难。

　　研制多维物理光场特性的精密测量仪器旨在对复杂条件全光场信息进行测量，通过对自然环境中主动、被动光源及云雾、烟尘、生物组织等复杂环境中光场传输物理仿真及光学传输特性测量，将不同维度的光学特性信息进行采样与融合，可打破传统光学探测手段的局限性，提高光学成像手段的探测精度，更全面地揭示光在复杂环境中的信息传播机理，对于全天候、自适应、普适性、远距离成像的民用及商用发展有着深远意义。

　　目前的光学成像手段通常利用的是光场信息在某个或某几个维度的投影信息，且光场受信息采样、量化的影响很大。例如，基于光电效应的探测方式导致获取目标信息的同时伴随多维度信息的丢失：空间三维物体被投影为二维成

▲左图为有雾时直接强度成像（无法对目标清晰成像）；右图为光场成像可"穿云透雾"，实现雾后目标直接再现

像，振幅、偏振、相位、光谱等多物理维度信息变为单一强度信息；物理上连续的光场信息经采样和量化后变为离散信息，引起信息数据量变化。

研制这样的仪器，就是为了揭示光场信息传递、解译的物理规律，通过在多种状态下光场物理信息参量的高精度测量，完善成像"全"光场信息模型，分析光场信息解译的边界条件，为计算光学成像技术提供基础数据，建立非线性成像模型，开拓计算光学的领域。从这个角度看，"全"光场的测量仪器太重要了！

该仪器主要由五部分组成：光源、介质、光学系统、多维度探测和信息存储与处理，这几部分都是可调控的，具有很高的自由度，涵盖了相干光、非相干光、光谱、偏振等多种信息调控，实现对光场的振幅、相位、偏振、光谱、相关等多维度特征参数测量。利用这个设备，我们通过改变光源、更换介质和光学系统，等等，都会引起光场的变化，借助这些变化，就能够由一些已知条件中推演出照明、介质、光学系统等引起的光场变化特性，从而总结光场规律。

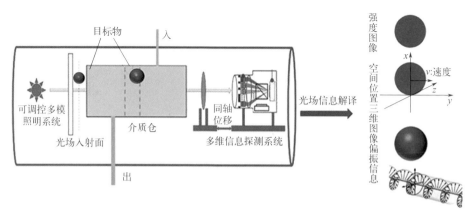

▲"全"光场测量示意图

5. 光场对计算光学的推动

为什么说光场是计算光学的灵魂？

在利用散斑自相关的透过散射介质成像实验中，宽光谱一直是非常难以克服的问题。针对宽光谱的问题，我们用 Shift and Add 算法做过拓宽光谱范围试验，也得到了一些比较好的结果，但也会受到一些条件的限制，当光谱太宽时，重建效果就会变差，甚至不再适用。后来，我们把偏振信息引入进来，结果发现：偏振能够建立起宽光谱与散斑自相关的桥梁，再宽的光谱都不成问题。

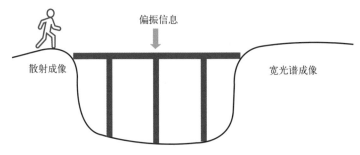

▲ 偏振成像架起宽光谱与散斑自相关的桥梁

从以上例子可以看出，由于引入了偏振信息，光场信息的维度提升，使得在低维度空间难以解释的现象在高维度空间变得很简单。这就和量子纠缠令人费解一样。我们假设一把由两个圆环构成的椅子，当光照到椅子之后，在地面上会看到两个圆；在三维空间中旋转椅子时，你会发现地面上的一个

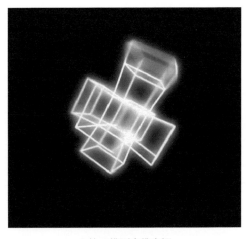

▲ 从一维到多维空间

圆在动，另外一个圆也同时在动。如果单纯从地面上看两个圆的必然运动，很难发现其在高维空间中其实是椅子在旋转。这种现象就像量子纠缠，纠缠双光子一个发生变化，另外一个必然发生变化，其在高维空间是什么样，目前我们还不清楚。

高维度光场也是如此，低维度光场无法解释的问题，在高维度光场就不是什么问题了，这也是我们要研究高维度光场的原因。

传统成像中存在的很多限制，其实是因为我们在"低维度空间"看问题。一旦我们走到"高维度空间"，我们就站在了"上帝视角"，拿到了"通往未来之路的钥匙"。正如偏振能架起散射成像与宽光谱的桥梁，其他物理量如相位、光谱等也能填补其他成像的鸿沟。

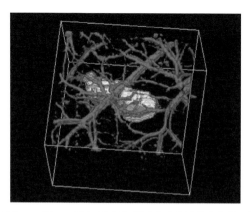

▲ Lihong Wang等在2012年做出的生物医学成像结果[6]

大气和水等介质对光电成像的影响其实也是其对光场的作用，按照传统的光电成像方法只接收能量，维度单一，自然就会造成"看不远、看不清"的问题，同样，生物组织亦是如此。现有的光学系统都是像差约束的，而未来的计算光学系统将是以信息为传递的光场形式出现；计算探测器也将不再是单一的强度探测模式，相位、偏振、光谱，甚至探测器的空间分布（形状与采样模式），都会有相应的形式出现。

以上，我们还都是局限于欧氏空间在考虑问题，如果把光场变换到黎曼空间，我想，一定会有新的发现，新技术也将层出不穷。同时，计算光学成像是以信息为传递的，而传递的手段就是光场。我在《下一代光电成像技术：计算光学成像》中讲到，计算照明、计算介质、计算光学系统和计算探测器都涉及光场的问题，通过对高维度高精度光场的测量，总结光场的传播规律，针对"更高、更远、更广、更小、更强"的成像需求，从本质上解决问题，都离不开光场。后续的内容将逐一详细讨论这些问题。

▲左图为手机摄影；中图为自动驾驶；右图为深空探测

可以说：光场太重要了！它作为灵魂出现，将在手机摄影、汽车自动驾驶、公共安全监控、生物医学成像、深空探测及军事应用等领域大放异彩。

光学系统设计，何去何从

生活在信息时代的我们，有一天突然发现：原来中世纪（公元5世纪到15世纪中期）时，人类就开始磨镜片了，现在的光学系统设计理论也有100多年的历史了。不知不觉间，智能手机盛行、视频监控普及、基于机器视觉的无人化装配广泛应用、自动驾驶日趋成熟，成像中最重要的那个镜头，也就是光学系统，将会变成什么样呢？

电子芯片早就进入摩尔时代，光学系统却依然缺少集成化设计的理论，光学系统设计将何去何从。

1. 熟悉的光学镜头

镜头作为成像中最重要的光学系统，扮演着汇聚能量、决定视场的角色。镜头的形态有很多种：透射式、反射式、折反混合式；玻璃的、塑料的，还有金属的。在成像中我们都称之为光学系统，既然是系统，其构成就一定不简单。

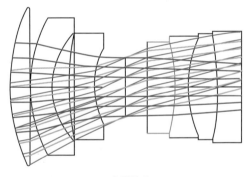

▲光学镜头

先看看最普通的摄影镜头。我们一般首先关注镜头的焦距、光圈，但好的镜头太贵了！从专业的角度来看，焦距决定成像的视场，光圈决定景深和通光量，也决定价格，好的镜头中往往会使用消色差玻璃，甚至还有昂贵的萤石。当然，专业的摄影师还会看MTF曲线，那种一直平平的MTF曲线都是拿钱堆起来的，对摄影师来讲，虽然性价比很低，但有人喜欢。

摄影镜头通常由几片透镜组成，自动对焦的镜头又加上了电动马达，使得镜头又重又笨。慢慢地，我们发现，越来越多的人喜欢用手机拍照——简单、方便、处理快、美颜效果好，甚至很多半专业的摄影爱好者也开始喜欢用手机拍摄。这很残酷、很现实、也很悲哀（对那些沉寂的相机而言）。

▲摄影镜头

为何手机摄影这样流行？手机摄影能不能比拟经典的单反相机？光学系统发生的变化有哪些？

手机摄像头是用树脂压制而成，成像质量与玻璃相比存在一定的差距，但手机战胜了数码相机，尤其是消费数码相机，以前流行的口袋机几乎灭绝了。看苹果、华为、小米、OPPO等公司的产品发布会便知，现在的智能手机全部是计算光学成像的。

手机制造商也有烦恼：手机前置的"刘海"、后置的"浴霸"，无穷无尽的奢华要求——超越或比拟单反、用更长的焦距去拍月亮。我们知道，单反相机与手机比，成像质量胜在"大底"、大像元的探测器和高品质的光学镜头。手机的像元尺寸只有1μm左右，且树脂压制的光学镜头品质上难敌玻璃镜头。但是，这些丝毫不影响在手机上做计算光学成像，而计算光学成像恰恰是手机摄影胜过单反的原因之一。

目前，几乎所有手机摄像头的CMOS探测器尺寸都在1in（1in=2.54cm）以下，甚至有1/3in规格的，像元尺寸小，噪点严重，光线好的时候拍照效果还好，一旦光线不足，像质就会变差。这时，就需要大尺寸的CMOS芯片，随之而来的问题是：原先潜望式的手机镜头可以将小尺寸CMOS垂直于手机面板放置，从而解决长焦距镜头尺寸大的问题；现在1in的探测器无法垂直放置，如果与手机平板平行放置，则光学系统无法做小，除非采用可伸

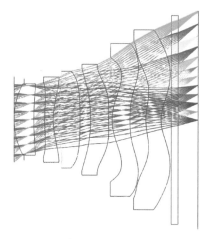

▲常见的手机镜头结构

缩的方式，但可伸缩方式会带来制造困难和可靠性下降的问题。该怎么办？

再看超大光学"镜头"——天文望远镜。超高的成像分辨率、庞大的体积、昂贵的成本、太长太长的加工周期以及受外界干扰影响大，这都是它的特点。中国科学院长春光学精密机械与物理研究所（简称长春光机所）已做出最大口径为4m的单体反射镜，为了保证成像质量，光学系统对反射镜的面型精度有着苛刻的要求：优于20nm。长春光机所张学军副所长这样比喻："就像对北京市的土地进行平整，要求平整度误差小于1mm。"可想而知，这个难度有多大！

传统的大口径望远镜在制造成本、加工周期等方面都与口径尺寸呈指数关系。我们还可以从另外一个例子来看这个问题，就是著名的詹姆斯韦伯（James Webb）太空望远镜项目，用一个6.5m口径的拼接可展开望远镜替代哈勃望远镜。该项目于1996年启动，当时的预算是5亿美元，计划2007年发射。结果想必大家都知道，这个著名的"鸽王"项目从1996年开始研发至2021年12月25日发射，历时25年，预算追加到了97亿美元。

▲长春光机所研制的4m超大口径单体碳化硅反射镜　　▲詹姆斯韦伯太空望远镜

那么，我们到底能否制造出50m甚至100m、200m口径的望远镜？传统光学是不是走到了瓶颈？逆流而上，才是科学家的追求！

2. 球面、非球面、自由曲面到超透镜

目前，传统光学系统仍然源于中世纪的玻璃透镜，除了加工精度提升之外，并没有本质的改变，也就是物理基础没有变。所以，我们至今没有办法大幅缩小光学相机、显微镜、望远镜和其他光学设备中使用的镜头的尺寸。

光学系统设计的核心理论是费马原理：光沿着极值光程的路径传播。理

想的光学系统能够把光线会聚成一个与物共轭的像。我们知道，透镜材料的折射率是波长的函数，导致产生色差；而实际光线（非近轴光线）会产生球差、慧差、像散、场曲和畸变。其实，这就告诉我们：成像本身是一个非线性的过程。

为了减小像差，可以组合多片不同折射率的透镜，以降低成像视场中不同波长的光波在各个位置的光程误差。然而，这种办法使透镜变得很复杂。

光学系统设计问题在数学上可以这样理解：一个镜子的每个面各自可以用一个解析式和几个参数描述，光学系统设计其实是一个解方程组的过程。当方程组中自变量个数较少时，往往得到比较差的结果，意味着像差比较明显。最好的解决办法是引入更多的自变量，即添加镜片或增加参数个数，再做最优化处理。

▲球面镜

▲非球面镜

最常见的光学系统多为球面的，因为球面镜头在加工和检测工艺方面都很成熟，很容易进行品质控制。但是，球面在数学上函数形式过于简单，在进行像差控制时，往往会增加更多镜片，使得系统过于复杂，重量和体积难以控制。于是，就出现了非球面光学系统设计，一般分为二次非球面和高次非球面两大类。非球面透镜的优势是曲率半径随着中心轴而变化，用以改进光学品质，减少光学元件，降低设计成本。

再后来，科学家发现自由曲面会给光学系统设计带来更大的设计自由度，能进一步减少光学元件的数量，减小体积和重量，降低成本。此处说明一下：自由曲面当然也属于非球面，但其在加工和检测方面的难度比一般非球面大很多，经常存在能设计、可是无法加工和检测的问题。

我们能够很清晰地看到，无论是球面、非球面还是自由曲面，其实都是在现代光学系统设计的这座大厦上做了非常好的完善，有力地支撑传统光学成像在各行各业的应用。

生活上的贪婪和欲望，也许使人陷入无法自拔的深渊，而在科学研究方面的"贪婪和欲望"，却能促使新技术革命，带来广阔的新天地。

当人们不满足于传统光学"大而笨"的现状时，科学家们便拉开了"轻薄"透镜时代的帷幕。"轻薄"光学系统设计主要有两条路线：衍射光学元件（DOE）和超透镜（Metalens），都避不开光的光谱和相干特性。

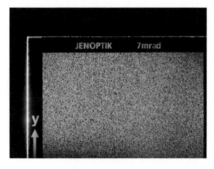
▲衍射光学元件（DOE）

▲超透镜（Metalens）

光学成像与雷达成像有两点很大的不同是宽谱和非相干，大多数情况下的光学成像是宽谱的非相干光，而雷达多为相干的窄带电磁波。无论衍射光学元件还是基于微纳光学的超透镜，窄带光谱特性决定了色差是一道很难迈过去的坎。

从衍射光学元件讲起。DOE多用于非成像光学，可以通过DOE进行激光整形，将高斯光束变为平顶光束，也可以产生更为复杂的光分布。DOE具有的平面化、轻薄、轴外像差小等特性，有望实现平面成像系统设计，但由于衍射元件内在的强色差特性，一直以来被认为难以应用于全光谱成像。尽管近年来研究者们实现了消色差衍射元件，但尚未认知到什么样的衍射光学元件光学传递函数最适合计算成像系统，所以，设计的衍射成像系统的性能难以达到最优，算法恢复后的图像仍存在明显"鬼影"和细节模糊的现象。

2020年，这个问题有了新进展，美国斯坦福大学计算实验室与同济大学的顿雄博士等人首次实现了端到端设计、大口径、多消色差波长的全光谱计算成像用衍射光学元件，并得到了较好的实际成像结果。

再来讲超透镜的发展。超表面（Metasurface）是一种厚度小于波长的超薄人工结构，可实现对电磁波偏振、振幅、相位、传播模式等特性的灵活有效调控，超透镜是在此基础上发展出来的一种基于超表面的衍射型透镜。自然界里不存在这种超构材料。

2016年，美国哈佛大学Federico Capasso教授经过多年的努力，展示了首个在可见光范围内有效工作的超透镜，覆盖了从红色到蓝色的整个光谱。这是第一个可聚焦整个可见光光谱的透镜，因为它是平面、超薄的，所以一般不会产生色差[7]。但因为超表面也属于衍射型透镜，宽光谱的问题是避免不了的。

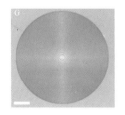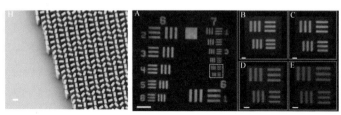

▲ 2016年Capasso团队设计的超透镜及成像结果[7]

时间到了2021年年底，美国普林斯顿大学Heide等人使用人工智能算法设计超表面实现在微纳透镜成像系统的设计，该相机拥有全色（400～700nm）覆盖、40°宽视场成像，以及F2.0光圈[8]。同时，它是世界上第一个实现高质量、宽视场彩色成像的超表面光学成像器。可以说，是它带来了新的曙光。

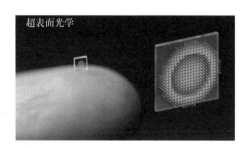

▲ 2021年普林斯顿大学Heide等设计的微纳透镜及成像结果[8]

我们总结一下超透镜。首先成本是一个主要挑战，其次是在厘米级芯片上精确对准纳米级元件的制造难度很高，超透镜还面临着衍射光学元件的技术挑战，不能像传统透镜那样高效地传输光，这是全彩色成像等应用的一个重要缺陷。超透镜尺寸一般是微米级的，无法捕捉大量光线，透光效率比较低，这就意味着，能够生成高质量图像的超透镜还有很长的路要走。

尽管存在不少挑战，但超透镜的发展势头不可小觑，成本和尺寸都是短暂的问题，性能提升、更小尺寸和重量，有可能成为潜在的"游戏规则改变者"。我们也应该看到，这种技术将来很有可能集成在探测器上，使得光学成像系统越来越小，越来越强。

3. 极简光学系统设计

单透镜的成像质量很差，在实际成像应用中几乎看不到单透镜的踪影。尽管研究单透镜成像的人很多，但效果都不好。直到2021年7月，南京理工大学、苏州市立医院、浙江大学、苏州大学和长春光机所的研究人员提出了一种基于智能手机的便携式相衬显微成像方法，通过光学设计和深度学习设计了单透镜物镜的深度学习便携式智能手机显微成像装置。

这里，我们思考一下，为何那么多人研究单透镜成像而效果不显著呢？其实，细想一下，大多数研究单透镜成像的方法还是依赖于点扩散函数（PSF），而PSF是建立在线性模型的基础上的。深度学习则不然，它给出了一个非线性的隐式的模型，只是这个模型是个"黑匣子"。这再次验证了非线性模型才是计算光学成像的根本。

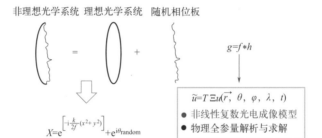

▲数学表达

继续开拓思路，看一个极端的例子：一堵墙可不可以像光学镜头一样成像？答案现在很清楚了，可以。典型的是主动照明的非视域成像，最早DARPA支持的REVEAL项目。其实被动模式也是可以的，2018年我们实验室里就做出了被动散射成像的结果，其本质就是获取光场、解译光场的过程。这些都给了我们很多启示：可以利用光场做很多事情，那么，在光学系统里做光场调制，就很容易理解了。

▲绕墙成像示意图及成像结果

我在2018年就开始考虑光学的SWaP（Size,Weight and Power）成像，先后在中国电子科技集团公司第五十三研究所、南开大学等做过多次报告。2019年，第三次"计算成像技术与应用"研讨会上，我做了"极简光学成像初探"的报告。这期间，西安电子科技大学郑晓静院士也提出了"觅音"计划，就是寻找earth mate——我们向往的那个宜居星球，其中最关键的就是要实现200m以上超大口径的望远镜。当然可以用合成孔径的办法，但依然很难，后续的内容会详细论述。

此后，我又做了很多次报告，与我的学生苏云也讨论了很多。我把其中的一些观点总结如下：

① 传统的点扩散函数描述的线性成像模型已不适用，需要建立计算光学成像的非线性模型；

② 极简光学系统设计实际上是在单透镜（单体反射镜）的基础上降低光学的精度约束，甚至可以将非理想的镜面作为成像的编码，获取光场信息后通过光场解译的方式重建出高品质的图像；

③ 设计计算探测器，一个能够接收多维度物理量光场的探测器。

这其实一直是计算光学的核心内容，就是多物理量光场的非线性分布、获取和解译，光学系统设计的本质其实就是获取我们需要的光场信息。

4. 计算光学系统设计

首先，我们定义一下计算光学系统：一个以信息为传递的光学系统，除了要汇聚能量之外，还要以光场调制的方式保障足够的信息通量，是一个非线性的传递模型。这也意味着调制传递函数（MTF）等此类线性模型已不再适用于计算光学系统，需要建立新的评价体系。

那么，计算光学系统设计与传统光学系统设计二者之间是什么关系？很显然，传统光学系统设计是线性模型，可以认为是计算光学系统设计的降维结果。

前面已经讲过，传统的光学系统设计实际上是在近轴光线传播的基础上建立的，本身就是一种线性近似。这其实很"人性"，因为我们的人眼就是这样的一个系统，所以评价体系也是以人眼视觉为标准制定的，很直接，很好用。但到了信息时代，就像你翻看老照片一样，尽管很珍贵，但图像很不清晰。

同时，我们更应该看到，传统光学系统设计所成的像都是"平"的，因为我们的探测器都是平面的。这对于工业化生产很有帮助，品控和效率都能大幅提高。但"平面"投影对光场而言，是否为最佳光场获取模式，还需要进一步讨论。

我们再看衍射元件和超透镜成像，它们本身就是对光场的调制，是一个非线性的过程，在深度学习出来之前重建的效果都不好，而用了深度学习这个工具，其实就是引入了一个隐性的非线性模型，就能够得到比较满意的结果。

当然，新的光学系统还有很多，比如液体透镜、透镜阵列等，这里不做展开。

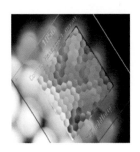  

▲透镜阵列　　　　　　▲电变焦液体透镜　　　　　　　　▲无透镜成像

光学系统作为成像最重要的一部分，承担着光场调制与信息收集的功能，目前正处于一个十字路口，传统的已非常成熟，新的还在路上，未来还有一段很长的路要走。但有一点是明确的，传统的光学系统不会退出历史舞台，因为它太"人性"了，摄影、视觉领域都离不开它。计算光学系统则处于更高维度，为解决线性世界难以克服的问题而生，尽管它很年轻，但具有顽强的生命力和巨大的潜力，它是我们通往高维度世界的桥梁。

偏振：古老却依然很新鲜

Polarization，雷达领域称之为"极化"，在光学领域则被叫作"偏振"。这个自从波动光学建立以来就产生的名词，大家耳熟能详。尽管在物理课上学习了很多偏振相关的知识，但真能说出其内涵的人肯定为数不多。

然而，生活中应用到偏振的地方很多：蜜蜂等昆虫靠偏振进行导航，观看3D电影要戴偏振眼镜，液晶显示屏是基于偏振的，我们戴的墨镜也写着偏振。在成像领域，很多研究人员都在做偏振成像的研究。有时我们惊奇地发现：不是说好的量子吗，怎么变成了偏振？

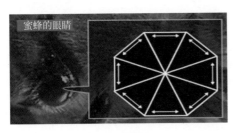

▲昆虫偏振导航　　　　　　　　　　▲偏振太阳镜

那么，偏振到底是什么？偏振是不是很重要？我们能用偏振干什么？起步很早的偏振成像遇到了哪些问题？偏振成像的前景怎么样？

1. 漫长的偏振历史

1669年，丹麦科学家拉斯穆·巴多林第一次通过石英晶体发现了双折射——"线条魔法（纸上一条线，透过石英看到两条线）"；1690年，惠更斯在《光论》里对这一物理现象进行了详细的论述，但无法解释；同时代的牛顿对双折射现象的成因进行了猜测，但以失败而告终，因为牛顿用光的粒子

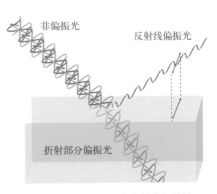

▲左图为方解石的菱形结构产生的双折射；右图为光的偏振特性

性解释这种现象。1803年，托马斯·杨著名的杨氏双缝实验证明了光的波动性；到了1808年，"偏振之父"马吕斯在波动光学的基础上完美地解释了双折射现象，将这种性质称为"偏振"，证实了**偏振是光的一种固有特性**，并于第二年发表论文提出了著名的马吕斯定律，从此开启了人类认知世界的又一个新维度。

由于偏振是波动光学的特性，需要用波动方程来描述，导致在实际测量、描述、应用计算中过于烦琐，很难用。于是，天才数学家斯托克斯于1852年提出了著名的Stokes矢量来描述偏振光，使得偏振变得简洁明了。用四个参量S_0、S_1、S_2、S_3（也常用I、Q、U、V表示）组成4×1的列向量来确定光波的偏振态，比起复杂的波动函数简单多了。我们不禁感叹：数学太重要了！

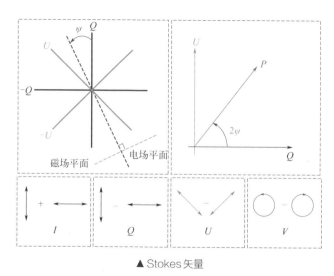

▲ Stokes矢量

这才刚刚起步。1892年，庞加莱提出了能够直观描述偏振态的Poincaré球表示法；1941年，琼斯引入**Jones**向量来描述，但该方法具有一定局限性，其只适用于完全偏振光，若想对部分偏振光或非偏光进行计算，则需使用穆勒（Mueller）矩阵。Mueller矩阵由美国物理学家穆勒于1943年提出，用于表示斯托克斯矢量之间的变换，矩阵由4×4共16个参量构成。对于一般介质，通常各个穆勒矩阵元都具有特定的物理意义。无论是Stokes矢量还是Mueller矩阵，都能够很好地描述偏振特性，在偏振成像中也扮演着重要角色。

以上是对偏振的"古老"回顾，那为何又说偏振很新鲜呢？原以为量子在中国铺天盖地轰轰烈烈地开花结果的我们发现，3D电影、偏振摄影、液晶

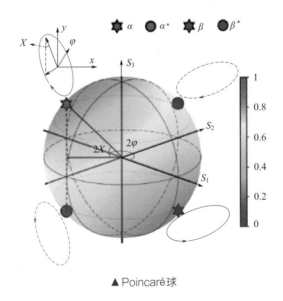

▲ Poincaré球

显示、墨镜……都是偏振的。不是说好的量子吗？怎么看到的大部分都是偏振呢？

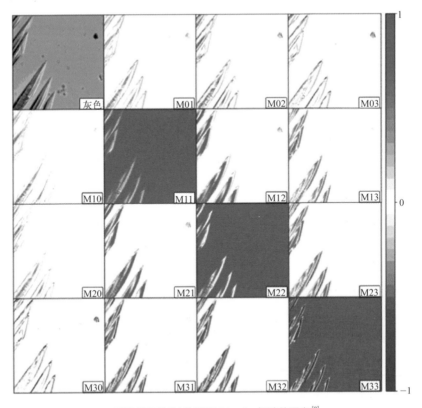

▲ 硫酸镍晶体生长过程的 Mueller 矩阵的研究[9]

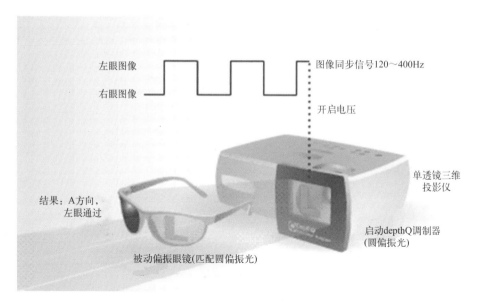

左眼图像

右眼图像

图像同步信号120~400Hz

开启电压

单透镜三维投影仪

结果：A方向，左眼通过

启动depthQ调制器(圆偏振光)

被动偏振眼镜(匹配圆偏振光)

▲偏振3D电影

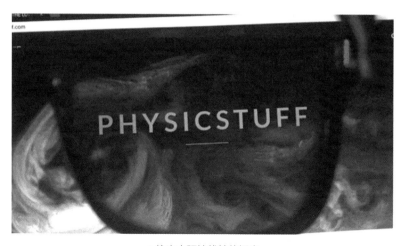

PHYSICSTUFF

▲偏光太阳镜线性偏振光

2. "无所不能"的偏振

　　首先，我们来看看偏振特性。根据偏振方向的不同，可以分为线偏振光、圆偏振光和椭圆偏振光。一般地，光的偏振程度可以根据偏振光强占总光强的比例分为非偏振光、部分偏振光和完全偏振光。**偏振度和偏振角**则是描述偏振特性的两个重要参量。

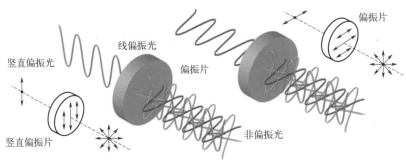

水平偏振光

偏振片

线偏振光

竖直偏振光

偏振片

竖直偏振片

非偏振光

▲偏振光的示意图

自然光一般认为是非偏振光，但是经过物体表面反射后，在正交方向上会产生强度差异性，从而出现偏振特性。红外偏振特性是由于物体自身发出的红外辐射遵从菲涅尔定律，从而产生偏振特性，这是偏振成像的主要依据。同时，光的偏振与物质特性有关，据此，我们可以利用该特征进行物质分类和识别。

正是偏振的这些特点，使其可以用于液晶显示、3D电影、导航、材质判别、光通信和量子态的判别等。这里简单介绍一下量子与偏振的关系。量子纠缠是一种纯粹发生于量子系统的现象，在经典力学里，找不到类似的现象。1964年，贝尔提出了这样一个实验：让两个纠缠的光子分别经过两个偏振片，然后在中央汇合，从而可以从宏观上用偏振观测到量子纠缠，这就是量子离不开偏振的原因。

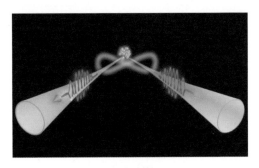

▲量子纠缠

接下来重点讲一讲"无所不能"的偏振成像。一提起偏振成像，大家马上想到的就是去雾、去镜面反射、水下成像和伪装识别等，近几年又兴起了偏振三维成像。偏振成像从地面到太空，从大气到海洋，从工业到医疗，几乎渗透到了每一个行业和领域。但是，当你问起偏振成像的用户体验时，就会有"买家秀"和"卖家秀"的那种味道了，好听一点就是："有些时候确实能管点用。"这是为什么呢？

偏振之所以这么能干是因为它自身的物理属性，**物质偏振特性的不同会导致探测信息的差异性**，这是其最本质的原因。这听起来很美啊，为什么还会有"买家秀"的吐槽呢？因为偏振虽然是光的一种特性，但**这种特性表现得并不明显**，我们必须通过一些光学器件才能够观察到它，探测手段也都是间接手段。特别是，偏振是借助于强度间接探测，且偏振特性的差异性太小，偏振片的能量损失也会导致信噪比严重下降。

偏振去雾是最早活跃在舞台上的技术，到现在仍然是很有限地应用。为什么偏振能去雾？这是因为目标信息光与背景散射光存在偏振差异性，如果能比较准确地估算出背景散射光强度的分布，就可以利用偏振差异性实现高清晰透雾霾成像。这本质上是传输介质与目标的偏振特性不同，水下偏振成像同理。

听起来很合理，可是为什么偏振去雾没有得到广泛应用呢？甚至很多时候，偏振去雾的结果为什么不如暗通道等信号处理方法呢？水下偏振成像也是喊了很多年，雷声大、雨点小，研究得多、应用得少。

▲西安电子科技大学刘飞等关于偏振去雾成像的研究[10]

还有去反射光成像的案例。海面上经常有鱼鳞光反射，湖面反射的太阳光也很强，汽车前挡风玻璃的镜面反射经常导致监控失效，去除这种反射光比较有效的办法是偏振成像，就是利用偏振的共模抑制特性消除反射光。可是，我们做实验的时候，经常发现用偏振难以彻底消除反射光，尤其是汽车的前挡风玻璃，贴了车膜之后，转了半天偏振片，还是看不到车内的情况。

偏振目标探测同样有问题，它通过求解场景中目标物自身的偏振度和偏振角等偏振特性的真值来判断物体本身的材质和属性等。物理上确实是那么回事，但是真正做实验的时候，恐怕场景复杂时识别率也不会很高。这又是怎么回事？在医学领域中，也经常看到偏振成像的影子，癌细胞的

▲西安电子科技大学刘飞等关于被动偏振水下成像的研究[11]

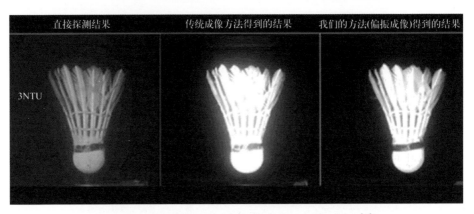

▲西安电子科技大学刘飞等高浑浊度偏振水下成像的研究[12]

▲利用偏振对抗玻璃反光

偏振特性与普通细胞不一样，Mueller矩阵的引入能辨识癌细胞。但这些还处在研究阶段。

以上这些都是利用偏振特性差异性做的几类工作，从物理原理上来看，都没有问题，但应用时却发现似是而非。我们来深度分析其中的原因。

前面已经提到**偏振特性不够显著**是造成偏振成像的主要原因之一，况且**偏振只能间接探测**。问题就出在这里，进行偏振测量时离不开偏振器件，这些偏振器件要么加在镜头上，要么镀在探测器像元上，最终造成的结果都是能量损失，大多时候**偏振探测的能量利用效率只有20%～30%，甚至更低**。这必然造成信噪比严重下降，使得本来就特征不太明显的偏振信息沉入了噪声的汪洋之中。

更进一步分析，上面所说的偏振成像应用其实还是处在原来维度处理问题，并没有借助于偏振度和偏振角之类的信息提升维度。我们能不能认为这实际上是在低维度徘徊呢？

回答这个问题之前，再看一个**偏振与人工智能结合**的例子。做出全球第一款商用偏振图像传感器的Sony公司研发人员M.Kato说："我也认同偏振图像传感器和人工智能是非常好的搭配，因为这样能够获取更多的光信息，原理上可以提升识别精度。我们曾利用多种传感器+深度学习技术比较人、车辆、透明瓶等物体的识别率，发现在测试环境中，无论什么情况下，都是**偏振图像传感器的识别率更高**。"这是不是在告诉我们：**偏振这个实际比单独的强度探测高一个维度的物理量**，如果还是把它按照低维度使用，效果不会好到哪里去？

就像"自杀螺旋"：当把一只蚂蚁放在一张白纸上，用圆珠笔在蚂蚁周围圈出一个圈包围它，此时，你会惊奇地发现，每当蚂蚁接近圆圈时，它会迅速地回避用笔圈出来的线，之后，便会呈现在圈内打转的情况，如果蚂蚁一直找不到圆圈的出口，就会一直在圆圈中无限循环，直到累死。如果偏振成像不走出这个"自杀螺旋"，一直停留在低维空间，就很难有出路。

幸好，科学家们实现了偏振成像高维度应用——偏振三维成像。它的原理其实很简单，通过偏振度和偏振角的信息解译出物体的三维形貌。偏振度和偏振角都属于高维度信息，利用这个高维度信息，经过变换推演至空间的另一个维度，变成了相对深度信息，这其实是保持了偏振成像的高维度特性。需要注意的是：由偏振三维成像解译出来的"深度"是相对值，只有提供了物体的距离信息，才能计算出实际的物理深度。

最有意思的是，偏振三维成像的精度竟然能达到10^{-5}这个数量级，这是一般只能在 3 ～ 5m 范围内发挥作用、只有厘米级精度的光场相机所遥不可及的。我在前文里说过：几何光学成像"一般能达到的精度为 $10^{-2} \sim 10^{-3}$ 数量级，难以实现 $10^{-5} \sim 10^{-6}$ 这样数量级精度的跨越"。光场相机超过 5m 之后几乎不能谈精度问题，而用偏振相机在 100m 距离拍摄人脸，重建精度可达 2mm。甚至，我们用单个偏振相机拍摄 36000km 外的月亮，竟然也能重建出环形山的三维形貌，这是其他光学成像方法无法做到的事情！

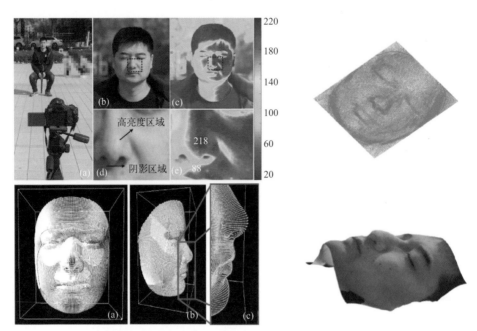

▲西安电子科技大学韩平丽等关于人脸偏振三维成像的研究[13]

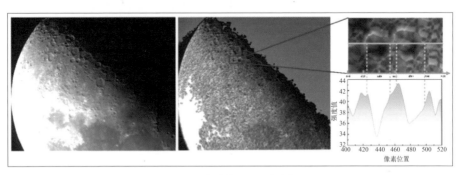

▲远距离高精度偏振三维成像

这件事再次证明：即使你已经跨出了升往高维度空间的那一步，但你的思维如果还停留在"自杀螺旋"的低维度层次，依然无法欣赏到高维度空间的巅峰之美。

3. ▌偏振探测器——偏振成像走向广阔市场的钥匙

偏振成像的方法主要可以分为：分时的旋转偏振片法、多孔径偏振成像和直接利用偏振探测器成像。

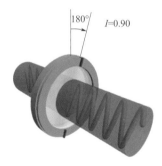

▲分时的旋转偏振片法

旋转偏振片的方法出现最早，因为摄影中经常会采用偏振片抑制水面的反射光、压低天空背景，使相片色彩和层次感更强，所以，在相机镜头前加上偏振片，分别按照0°、45°、90°和135°角进行四次拍摄，就可以获得所需要的偏振信息。很显然，这种方法非常简单，成本低，易操作。但这种方法实际上采用的是以时间换空间的方法，时间分辨率差，只适用于静态场景拍摄。

有偏光效果

无偏光效果

▲偏振摄影

多孔径偏振成像是利用4个相机共视场，每个相机镜头上固定放置0°、45°、90°和135°偏振片，是一种空间换空间的方法。这种方法成本偏高，对4个相机的共孔径机械安装要求比较高，同时对4个相机的拍摄同步触发也有很高的要求。优点是不仅适用于静态场景，而且可以搭载在动态平台上。我们研制的偏振三维成像的卫星载荷就采用了这种方式。

▲偏振三维卫星载荷

利用专用的偏振探测器做偏振成像是研究人员梦寐以求的，因为专业偏振探测器可以跟普通的CCD、CMOS一样使用，只需要加一个光学镜头就可以直接工作了。这实际也是一种空间换空间的方法，因为图像传感器中每4个像素合并为一组，每个像素分别镀了0°、45°、90°和135°的偏振膜，牺牲了空间分辨率。显然，这种方法是一种最佳的应用模式，而关键问题是偏振探测器。前几年，国内外出现了很多这方面的研究，直到2017年下半年，Sony公司出品了全球第一款商用级别的偏振图像传感器，拉开了偏振成像进入应用的序幕。

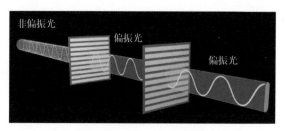

▲分焦平面偏振检测示意图

讲到这里是不是已经很让人振奋了？理想是丰满的，但现实比较"骨感"，主要有两个原因：a.偏振探测器太贵了，目前只有一种探测器，没得选择，并且没有国产的偏振探测器；b.偏振成像的应用认可度低，甚至连Sony公司自己都不知道到底具体可以用到哪些地方。

没有廉价的偏振探测器，很难大范围推广偏振应用；同样，偏振成像如果不能很好地解决实际应用问题，用户不认可，推广也很艰难。

那么，研制偏振探测器是不是真的很难？难，其实也不难。

偏振探测器首先要有足够高的消光比，才能够有足够的能量进入探测单元，保证信噪比。同时，还需要克服透光率与消光比的相互制约。

从工艺稳定性和可靠性的角度出发，可以采用氧化膜填充偏振片的超薄金属板间隙，但该方法造成消光比和透光率相互制约。理论上，只要使偏振片的宽度和间隙远远小于光的波长（即更细的光栅和更窄的间隙），就能提高性能，但是金属加工技术无法满足。如果利用氧化膜填充，光经过氧化膜后，波长变短，需要进一步缩小偏振片的宽度和间隙。Sony公司将偏振片的间隙变成空气层的气隙结构，解决了相互制约的问题，但加工精度、气隙结构的稳定性和可靠性还存在挑战。这是我们能够看到的关于偏振探测器的报道。

这些都是从技术层面讲的，但真正难的不是技术，是市场。只有应用前景好，厂商才愿意去投资生产偏振探测器，这恰恰又回到了技术，需要偏振成像技术能够真正解决问题。

4. 偏振成像的未来是什么

人类是生活在低维度世界里的生物，只有极少数人能理解高维度空间。正是因为**人类缺少对高维度空间的认知和理解**，而光电成像实际上是高维度数据的维度坍塌，变成了人类"熟悉"的二维模式——图像，才造成了即使我们获得了高维度的数据，却在低维度空间里看它的各种映射，就像"瞎子摸象"。

这个问题拓展到人工智能的领域，亦是如此。目前，深度学习的样本空间多为图像，即使是三维点云，也将深度信息映射为二维图像的灰度，这种维度坍塌造成的结果是与人类认知世界的实际模式相异，所以，目前的人工智能只能处理二维数据，三维点云输入到模型中后，变成了一个二维空间的映射，当然识别率会下降，原因就是维度没有充分利用。

计算光学成像是升维的过程，偏振成像也是如此，是在光场中引入了偏振这个维度。但我认为，任何见到偏振成像的人都是在通过若干二维的映射空间来试图理解偏振，这实际上是人类自身的不足，难以解决。

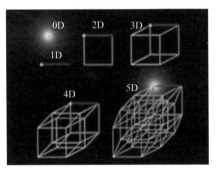

▲高维空间

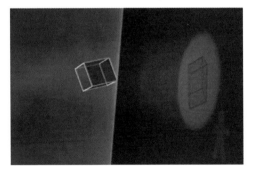

▲"瞎子摸象"

人类有眼睛可以看世界，有耳朵可以听声音，有鼻子可以嗅气味，还有耳蜗能感知惯性、平衡身体，但人类没有蜜蜂、蜘蛛和章鱼等感知偏振的本领，也不能像蛇一样感知红外，更不能像雄鹰一样在万米高空看到地面上的老鼠。我们不能感知偏振这类高级技术，以至于一谈起偏振，我们就有点发蒙。人类一旦陷入低维度世界，就变得像蚂蚁看人类，也容易陷入"自杀螺旋"。

偏振成像这个升维的过程从理论上来讲，在低维度空间里得不到的东西，其实可以借助偏振的信息"看"得到。可是，我们在处理很多问题的时候，习惯把高维的东西投影到低维，将其变成熟悉的东西，比如图像。处理偏振图像也是如此思维,将偏振信息向不同低维度投影,降维成一般图像使用,硬是把一个"白天鹅"变成了"丑小鸭"。

对于偏振来讲,一定要把偏振度和偏振角这两个信息用好。前面讲的偏振应用,去雾、去反射光和偏振目标探测基本只用了偏振度这个信息,偏振角几乎没有用到;只有在偏振三维成像中这两个量都用到了,并且没有降维。从另外一个角度看,去雾、去反射光和偏振目标探测等应用必须发挥偏振角这个量的作用,达到升维的目的,才能更好地解决问题。

▲利用偏振角进行应力检测

这里要再次强调一下偏振对物理光场的作用。在散射成像中,宽光谱是非常难以克服的问题,但我们引入了偏振信息之后发现:这道在强度探测维度难以跨越的鸿沟竟然变成了坦途,再次验证了高维度物理光场的优势。

我相信偏振成像一定拥有美好的未来。在多种规格偏振探测器量产、探测灵敏度和信噪比等问题解决后,偏振成像一定会在工业检测、机器视觉、监控、手机摄影、3D摄影和三维目标识别等领域大放异彩。

让我们一起迎接偏振成像的美好明天吧!

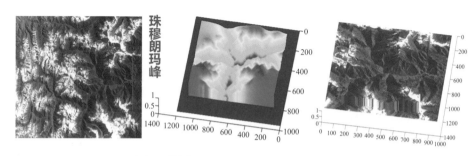

▲西安电子科技大学李轩等在遥感偏振三维成像中的研究

散射成像：又爱又恨的散射

十年前，如果有人盯着你说："我能透视毛玻璃（磨砂玻璃）墙，快把你卫生间的门换了吧。"你一定瞪着这个"骨骼清奇"的家伙瞅半天，这不是睁着眼睛胡说八道吗？然后一甩手把门关上。"你就是躲在房间里，我隔着门也能知道你在干什么。"这时候，估计你会想什么时候社会变得这么宽容，竟然放这样的家伙出了精神病医院！

你看，在不同维度思考的人，看问题就是不一样。你怎么不想想：万一这家伙说的是对的呢？

事实可以证明：这个"骨骼清奇"的家伙说的是对的！这不是科幻，是真实的物理现象，近几年，我们多把它称为"散射成像"。第一个透视毛玻璃的现象通常被称为**透过散射介质成像**，第二个隔门成像则被称为**非视域成像**。

1. 无处不在的散射

散射，在光学领域里是个让人又爱又恨的东西，也是每年研究生复试几乎必问的题目，比如：天空为什么是蓝的？落日为什么是红色或橘黄色的？答："蓝天是因为在空气中分子散射太阳光线中蓝色部分的能力高于其散射红色光线的能力。日暮时分看到落日呈现红色与橘黄色，是因为蓝色光被散射并且朝着视线以外的方向传播。"学生正得意的时候，考官又冒出一句："散射有哪些类型？上述问题是瑞利散射还是米氏散射？"

如果再问问拉曼散射、布里渊散射和康普顿散射等非弹性散射，恐怕会有很多学生憋出内伤——名字都认识，但确实不知道它们在说啥！

▲夕阳中的光散射

那么，一起来看看生活中随处可见的散射吧。大多数时候，我们认为散射是不利的，因此总是想办法努力去减小散射的影响。比如光学系统设计中的去杂散光，在镜筒的设计中经常会采用螺纹和表面涂层方法，也经常使用遮光罩。空气和水都是比较强的散射介质，随着距离的增加，散射会减弱光的传播，从而导致"看不远"。

生活中也离不开散射，比如"丁达尔效应"就是一种很常见的散射现象。我们之所以能看到激光发出去的那道光束就是源于这种效应，如果在真空没有散射的情况下，打开波长为632.8nm的氦氖激光器，我们从侧面就看不到红色的光束，什么都看不到。

▲丁达尔效应

▲空气中颗粒对激光的散射

以上基本属于生活常识类问题，下面我们要讨论散射成像的问题。谈散射成像绕不开光场调控，可以说没有散射光场的调控，就没有现在的散射成像。

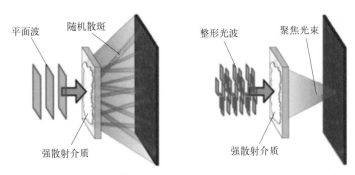

▲ Vellekoop等在2010年通过散射重聚透过散射介质成像的研究成果[14]

2007年，荷兰科学家A.P.Mosk的一篇论文"Focusing coherent light through opaque strongly scattering media"拉开了光透过散射介质后光场调控的序幕，从此国内外很多学者都开始了相关的研究工作。2010年，Mosk发表在 *Nature Photonics* 上的论文"Exploiting disorder for perfect focusing"再次引起轰动，主要讲述的是利用光场调控的方法，突破原透镜衍射极限10倍的重聚焦。2009年底，我在 ArXiv 上看到这篇文章的预刊版，那时候我在佐治亚理工学院访问，学校图书馆的数据库很全，也是在那个时候我才敢去阅读 *Science* 和 *Nature* 上的论文。

国内最早开展这方面工作的课题组带头人有中山大学的周建英老师、华侨大学的蒲继雄老师和我，但直到2017年，我们三人才有机会见面并成为挚友。

我们来看一看，散射光场调控与散射成像到底是什么关系。

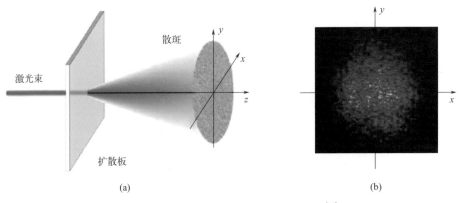

▲ Mulansky 在2009年关于散斑产生的研究[15]

当点光源经过毛玻璃投射到观测屏上时，我们看到的将不是一个点，而是一块亮斑。根据光路可逆原理，这块亮斑上的每一个点反方向传播，经过毛玻璃后能够会聚到原先的点光源处。这个过程称为"时间反演"（Time Reversal）。如果我们把光换成雷达信号或者声信号，故事到这里就结束了。然而，我们面临的是光，光的探测都是基于光电效应的，也就是探测得到的是能量——振幅的平方，丢失了相位信息。

讲到这里，你是不是就能想到：如果能够获得相位信息，就可以透过毛玻璃成像了！于是，相位恢复就成了散射成像领域里的核心技术。

从这个过程中，我们可以看到，这既是光场调控的基础，也是成像的基础。从数学的角度来分析这个问题：毛玻璃是一种振幅和相位复合调制的元件，可以描述为复数矩阵的形式，我们称为传输矩阵；如果能够找到其共轭矩阵与之相乘，结果是一个单位矩阵，因此，平行光从透镜出来经过毛玻璃复数调制时，再经过一个能表征其共轭矩阵的空间光调制器后，就能够实现重新聚焦。

同样，如果把成像看成一个线性模型，也就是卷积的形式，也可以写成矩阵相乘的形式。一个目标x经过传输矩阵T，在像面上得到了强度分布y，是不是可以写成$y=Tx$。其实，这个公式是错的，因为x是实数，T是复数，而y依然是实数，这不太可能。原因是什么？探测器上接收的是光强，而不是光波函数，没有了相位信息，正确的写法应该是$y=|Tx|^2$。看起来是不是感觉复杂了不少？但在数学上，我们有办法解决这些问题。

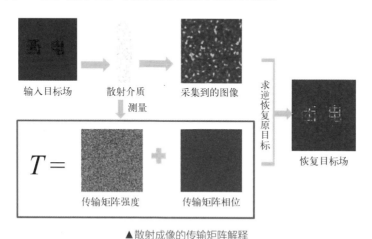

输入目标场　　　散射介质　　　采集到的图像　　　　　求逆恢复原目标
　　　　　　　　测量

$$T =$$　传输矩阵强度　$+$　传输矩阵相位　　　　恢复目标场

▲ 散射成像的传输矩阵解释

传输矩阵是散射介质的数学表示形式，得到传输矩阵，就意味着聚焦和成像没有问题了。那如何获得传输矩阵呢？答案是测量，似乎目前只有测量这一种办法，而且测量很复杂，耗时很长。这说明测量只适用于静态散射介质，典型的像毛玻璃，而我们经常面对的云雾、烟尘、水和生物组织等具有时变特性的动态散射介质，如果不能实时测量，就意味着这种方法很难实用。于是，传输矩阵的高速测量方法也出现了，典型代表为法国Sylvian Gigan教授于2016年采用高速MEMS器件和FPGA方法实现了在生物组织中帧频上万次的调制，从而可以在短时间内获得生物组织的传输矩阵。

人类的不满足是促进科技发展的动力。传输矩阵的测量太复杂，而且精度上也受很多因素影响，在成像方面严重受限，于是，出现了以光学记忆效应为基础的散射成像方法。

时间回到2012年，意大利科学家Jacopo Bertolotti从历史的仓库里扒拉出来了一个1988年由加利福尼亚大学的Shechao Feng首次提出、同年Isaac Freund试验验证过的光学记忆效应的"金箍棒"，拉开了散射自相关成像的序幕[16]。

光学记忆效应的"金箍棒"是什么？光学记忆效应分为很多类，如角向光学记忆效应、平移光学记忆效应、旋转光学记忆效应、轴向色谱光学记忆效应，等等。是不是有点云里雾里？万变不离其宗，记忆效应总是在描述散射介质对照明光场中的某些参量变化时，如角度、位移、光谱等改变的情况下，散射系统中存在的不变量，如散斑的空间关联性。

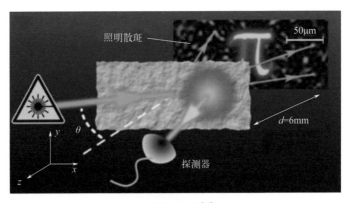

▲ 散斑自相关[16]

最为人们津津乐道的"角向光学记忆效应"，是指当光束通过很薄的散射介质时，不同角度的入射光具有很强的相关性，当改变光束的入射角度，输出散斑的结构不会发生改变，只会产生整体的横向移动。

我们来深度解读角向光学记忆效应。首先，角向光学记忆效应只适用于一个小角度的变化范围，视场角很小；然后，"当改变光束的入射角度，输出散斑的结构不会发生改变，只会产生整体的横向移动"实际上是告诉我们它满足线性关系，这就意味着可以用点扩散函数研究成像问题了。

Jacopo Bertolotti首次利用该特点实现了透过散射介质的非侵入成像，其基本思路为在光学记忆效应范围内扫描入射光束，透过散射介质后对隐藏在其后的荧光目标进行激发，所产生的荧光信号再次通过散射介质后被探测器接收。该方法被*Physics World*评为2012年度十大突破之一。

然而，这种方法需要扫描入射光束，很费时，根本不可能实时成像。2014年，以色列科学家Ori Katz和Sylvian Gigan把这项工作推向了一个新的高度[17]，只需要一帧散斑图像就可以成像！这就意味着可以实时成像了。

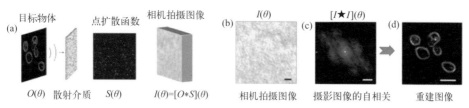

▲ Katz等在2014年基于单帧散斑的非侵入散射成像研究[17]

简单分析一下散射自相关成像的原理。既然在光学记忆范围内，散射成像可以描述成目标函数与点扩散函数卷积的线性形式，即：

$$I=O*S$$

式中，I为散斑图像；O为目标；S为点扩散函数。函数两边做自相关运算，便有了：

$$I\otimes I=O\otimes O+C$$

式中，C是一个常数。

到这里，是不是就能看出点端倪了？散斑的自相关是什么？是傅里叶频谱啊！如果把傅里叶相位补上，那目标不就能解算出来了吗？于是，散斑自相关成像自然就变成了一个相位恢复的问题。

散射成像近几年火得不得了，原因是不仅仅有物理学者参与，而且有一大堆数学家也参与进来了，他们发现相位恢复在数学上是一片尚未开发

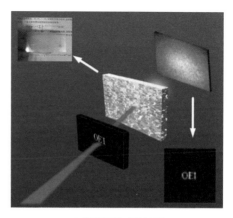

▲散斑相关成像流程

的处女地，便从压缩感知领域迅速转移到相位恢复领域，并预言未来十年最火的领域就是相位恢复。其实相位恢复是1972年Gerchberg Saxton最早提出来的一种方法。

这里讲一个小故事。2006年，Donoho、Candes、Romberg和Tao提出了著名的压缩感知理论，其本质是解$Ax=b$这样的线性方程组，而实际在20世纪80年代，数学家已经提出了这样的问题。赶时髦不仅仅是时尚界和年轻人的事儿，学术界同样流行。随着计算机计算能力的提升，学者基于这一理论，起了"Compressive Sensing"这样一个时髦的名字，火了10多年。

2. "开挂"的散射成像

基于单帧散斑自相关的方法提出以后，由于其具有概念新颖、非侵入式成像、时间分辨率高和系统设计简单的特点，成了散射成像研究的热点。这方面的研究工作越来越多，神乎其神、华而不实的成果也就屡见不鲜。

其实，我们更应该来分析一下这里的散斑是什么。Speckle这个词最早是指被激光照明的物体，其表面呈现颗粒状结构。一开始，散射成像采用的是赝热光源——激光经过旋转毛玻璃，属于非相干光，成像探测器上得到的与上面说的Speckle看起来很像，也被称为散斑。

散射成像中的散斑有哪些特点呢？应该说光谱敏感性和全息特性是其最明显的特征。

宽谱光

散射介质

▲散射介质的光谱响应

首先，我们应该看到的是散斑成像多采用单色光，甚至经常是频宽非常窄的激光，这是因为散斑具有非常强的光谱敏感性，光谱的些微变化就会引起散斑的变化，即散射介质是非常好的"色散"材料，只是这种色散是在更高维度上进行的。因为这个特点，我们不得不牺牲太阳光这么明亮的自然宽谱光源，采用窄带滤波的方法，也就是加一片通常只有10nm左右带宽的滤波片做成像实验，能量利用率很差。但是，事物都是具有两面性的，做光谱研究的科学家恰恰就利用了这一特点做出了具有皮米（pm）量级的高精度光谱仪。

然后来看散斑的全息特性。在散斑图像中选取一小块做自相关，你会发现也能重建出图像，只是分辨率差一些。这不是全息吗？既然是全息，那就应该有三维特征，也就是说能够成三维的像，而这些工作都是已经在实验室里验证过的。是不是很有趣呢？这实际上也告诉我们，散斑场是目前信息最丰富的光场之一，散射也是非常好的光场调制方法。因此，有人用散射介质做结构光调制，进行超分辨率成像。其实这里还有一个特点需要我们去发掘，那就是遮挡隐藏的目标是否也可以成像？

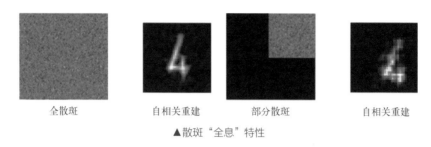

全散斑　　　　自相关重建　　　　部分散斑　　　　　自相关重建

▲散斑"全息"特性

因为从事散射成像研究的人很多，成果也非常显著，难以一一列举，所以，本书重点介绍我们课题组开展的相关工作。

前面说了，散斑自相关是建立在线性成像模型的基础上的，那么除了能直接通过自相关获得目标傅里叶幅值信息以外，能否从散斑中获得更多信息？也就是如何从非线性的角度来看这些问题。

当我们做散斑高阶相关时，即傅里叶域中的双谱，可以确定性地恢复目标的傅里叶相位信息，而这些恰恰能够帮助我们识别目标的准确方向，并且利用这一特点，对目标进行"彩色"成像。

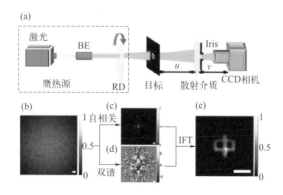

▲双谱分析方法再现的研究 [18,19]

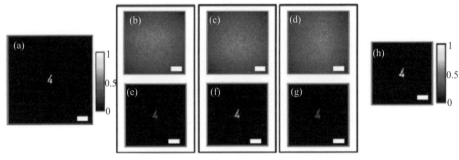

▲双谱分析方法再现的研究[18,19]

　　我们提出了另一种基于单帧散斑的点扩散函数估计的方法，在保持散射成像方法本身高时间分辨率特点的同时，从相机接收到的散斑图像中估计散射成像系统的点扩散函数。

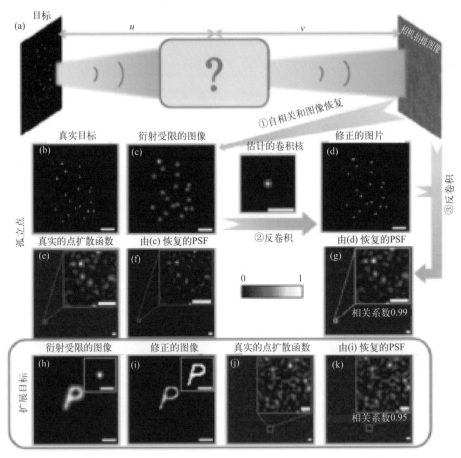

▲吴腾飞等在2020年关于单帧非侵入散射PSF估计的研究结果[20]

光学记忆效应带来了散射成像的高时效性，却也有很大的限制，那就是光学记忆效应的范围太小，视场很小，应用严重受限。针对此问题，我们采用两种不同矩阵分解的方式对超过记忆效应范围的目标进行成像，其中基于独立成分分析的方法能够帮我们将混合在一起的不同光学记忆效应的散斑各自分离，进而各自通过散斑相关方法重建不同光学记忆效应范围的目标[21]。

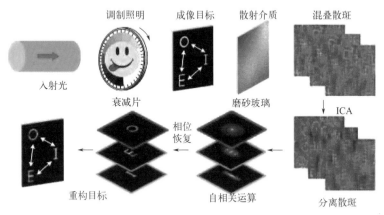

▲宽视场多目标散射成像的研究[21]

另外，结合随机照明以及非负矩阵分解的方法，我们实现了对超过光学记忆效应的连续目标的成像，并且采用了完全非侵入式的实验结构进行验证[22]。这可以说是一个里程碑式的进展，也是计算照明为散射成像搭建起了高维度联系的桥梁，正如前文所说，高维度是解决问题的必经之路！

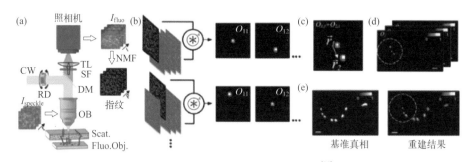

▲非侵入式宽视场复杂目标成像的研究[22]

透过散射介质成像还有一个重要影响因素就是信噪比，因为目标透过散射介质以后信号比较弱，因此散斑自相关所得信号的对比度会直接受到环境光的影响。为了解决这个问题，我们提出了基于泽尼克多项式拟合以及低秩稀疏分解的散射成像方法，结合相位恢复算法，在强背景光干扰条件下的外场实验中验证了该方法的有效性[23]。

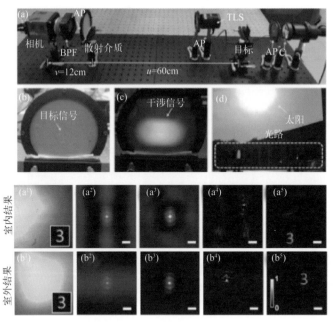

▲ 强干扰环境下的散射成像研究[23]

以上都是透过散射介质成像的例子，那么，反射可不可以呢？当然可以，这就是现在大家熟知的非视域成像了。中国科学技术大学的徐飞虎教授已做出了公里级的非视域成像装备，离应用越来越近。在高精度非视域成像方面，也可以实现毫米级成像分辨，较先前的工作，分辨率提升了一个数量级。我们在实验室里，利用墙面的反射从理论上也验证了被动非视域成像的可行性[24]。

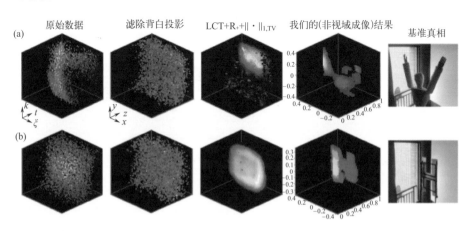

▲ 远距离非视域成像的研究结果[24]

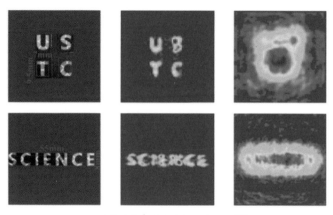

▲高精度非视域成像的研究结果[25]

3. ▶ "被炒作" 的散射成像

散射成像到底能干什么？既然是散射，那么就应该能穿云透雾了？是不是也能穿透生物组织，以后用光照着胸膛，就能够看到心脏了？是不是能实现远距离的水下成像了？是不是真的可以从门缝透过光看到室内的场景呢？是不是隔着街区躲藏的恐怖分子真的就一览无余地呈现在你眼前呢？

敢这么想，至少说明我们还有梦！

那么，散射能不能实现穿云透雾成像？是不是真的是无透镜？这种无透镜成像是否真的可以代替彩色相机？这还需要回过头来看看散射成像的机理。

首先，要看散射介质和光学记忆效应的条件是什么？薄散射介质！薄，意味着什么？我们看看云雾、烟尘、水和生物组织等，都不是薄的，而是厚介质，而且是很厚很厚的介质，也就是说，光在这类介质中传播需要经历若干次散射，早已忘记了原先出发的方向。这意味着，你前面玩的那些"金箍棒"在这里都是"纸老虎"，统统不能发挥作用。即使是薄介质，光学记忆效应的范围、宽光谱和传输矩阵测量等问题不解决，这些神乎其技的技术只能也只应该待在实验室中。

然后，要看透过毛玻璃是不是真的是无透镜？这个问题从 Ori Katz 的那篇论文里就能找到答案：毛玻璃起了一个等效透镜的作用，甚至成像公式与薄透镜也是一样的。我们再看开头提到的那篇 2011 年 Mosk 发表的论文，之所以能超越原镜头的衍射极限，是因为在镜头中添加了随机散射介质，实质上改变了原先镜头的结构，从而出现了新的超越了原镜头的衍射极限[26]。这就是说，物理原理真的没有变，变的是我们的思维模式。

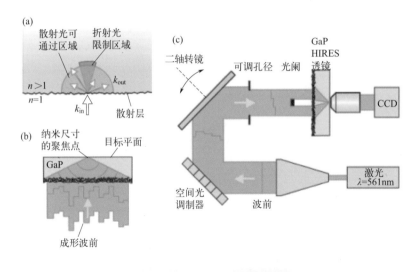

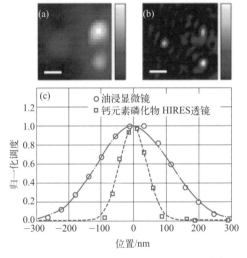

▲透过散射介质的超分辨率成像的研究[26]

再次，来看看彩色成像的问题。这个问题其实更简单，相关运算得到的不是强度信息，也不带任何光谱信息，论文所述的方法无非是用红绿蓝三种光源分布照明，红绿蓝目标各自重建，然后合成一幅图，就号称实现了彩色成像。其实，我们再看各种散射成像，无一例外都是将简单数字、字母等作为目标输入的，对复杂场景无能为力就是因为成像的原理是自相关。

最后，我们来看深度学习的例子。深度学习依靠的是大量的已知数据，不具备推演功能，并且其物理解释也不明晰。其实，不同目标经过毛玻璃后的散斑不同，无需重建，只需要从散斑自身就能判别出来。2015年，我们就做过根据散斑变化实现对隐藏目标跟踪的实验[27]。

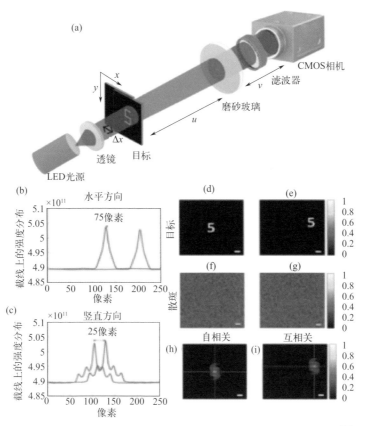

(a) CMOS相机 滤波器 磨砂玻璃 目标 透镜 LED光源 x y Δx u v

(b) 水平方向 ×10¹¹ 75像素 截线上的强度分布 像素
(c) 竖直方向 ×10¹¹ 25像素 截线上的强度分布 像素
(d) (e) 目标 5 5
(f) (g) 散斑
(h) 自相关 (i) 互相关

▲利用散斑互相关以及缩放比信息实现对隐藏目标的三维跟踪的相关研究[27]

4. 散射成像的未来

那么，该怎么看待散射和散射成像呢？答：客观、理性。

散射是最复杂的光场调控方式，它的应用范围极广，但也有很多问题需要解决。举一个例子，计算光学系统设计中可以引入散射光场的调制手段，玩好物理光场这根"金箍棒"，这个思想在《光场：计算光学的灵魂》中已有论述。散射不仅可以调制幅值、相位、偏振等信息，而且具有光谱分辨率高的特点，怎么充分利用散射的高维度调制，是未来的重点研究方向。前面讲的那些散射介质都是自然介质，现在微纳加工技术日趋成熟，我们应该分析散射的特点，像超材料和超表面一样，制备特殊的散射介质，更有希望推动散射成像步入更宽广的应用领域。

还有自适应光学的例子。由于介质内部折射率的不均匀分布，入射光在通过介质传输信号时会产生像差或者散射，从而直接影响成像质量。这种问题在天文成像或者生物成像中都会存在。解决此类问题的有效手段是自适应光学。

受介质影响的入射光波前可以通过直接波前感知或间接波前感知的方式进行测量。直接波前感知是指用引导星和波前传感器通过单次记录直接测量波前，具有较高的时间分辨率。间接波前感知则不需要引导星，而是通过图像评价方式迭代优化波前，直至收敛到最优解。波前测量值最终被送至变形镜或空间光调制器等调制设备，以矫正扰动的波前，提升成像质量。

此类方法广泛应用于天文成像或生物成像中，比如观测星体或对生物体中的树突棘或微管进行成像。但是，如何加速光场测量与调制以适应具有更强散射且时变特性的动态散射介质，仍然是我们要考虑的问题。

另外，散斑的形成机理和条件尚不明确，尤其是厚的、动态散射介质，跟毛玻璃不一样，它们的时变特征非常明显，静态介质的方法大多时候不再适用，如果真的解决了这些问题，那么穿云透雾、透过烟尘、水下远距离成像等将不再遥远，而这些，归结到一点，还是复杂物理光场的获取和解译问题。

当某天晚上你连做梦都想着怎么有效调制光场的时候，可能会有一位白发苍苍的老翁慈祥地对你说："孩子，修成了散射光场调控这一神技，你就可以独霸武林了！"

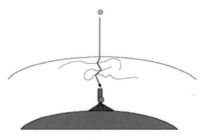

在山顶观测时大气影响较小——扭曲更小

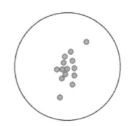

望远镜视场(高放大率)

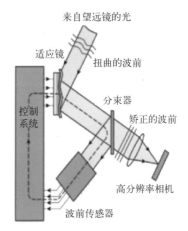

来自望远镜的光

适应镜

扭曲的波前

控制系统

分束器

矫正的波前

高分辨率相机

波前传感器

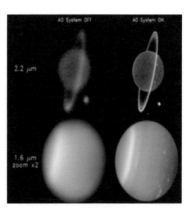

▲自适应光学成像技术及结果[28]

相位，到底是个啥

在计算光学领域，平生不把"相位"玩，便称英雄也枉然！相位（Phase），是计算光学成像里绕不开的东西，号称"凌波微步"的相位大法，是计算光学成像的十八般武艺之一。

今天，我们就来揭开相位的神秘面纱。

平静的水面扔进一颗石子，会荡起一圈圈的涟漪；燃烧的火堆后面，能看到影影绰绰变形了的脸；一束激光照射到全息干板上，能看到栩栩如生的三维立体图像；滴答走着的钟表；地上被老大爷抽打着转了一圈又一圈的陀螺……所有这些，都与"相位"有关。

可是，说起相位，大家似乎都感觉熟悉又陌生。这个词不仅在计算光学成像中随处可见，而且在光学、数学和信号处理领域也司空见惯，但好像每次见到都感觉有些不同。我见过很多光学专业的学生会有一个思维定式，认为相位应该是光波函数的相位，而当他们阅读一些文献的时候，见到相位往往莫衷一是，手足无措。

那么计算成像里的相位都有哪些？相位能带来什么？我们还能对相位做点什么？如何在计算成像中引入相位和解译相位？

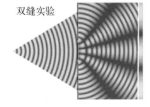

双缝实验

▲相位的多样性

1. 相位到底是什么

我们生活在一个充满各种各样波的世界里，要理解相位，首先得了解什么是波。有些人可能觉得这个问题有些奇怪，这还用问吗？划船时的水波，广播里的声波，跳绳时的绳波。当然，生活中还存在着很多波动现象。我们要透过现象看本质，如何用一套统一的数学语言来描述波。

光是一种电磁波，它满足波动方程：

$$\nabla^2 E - \frac{\varepsilon\mu}{c^2}\ddot{E} = 0$$

求解这个方程不是此处需要深入探讨的问题，感兴趣的读者可以移步光学大师波恩老先生的著作《光学原理》。我们先来看看相位的定义，以简谐波为例，若一个正弦函数 $y=A\sin(\omega t+\alpha)$ 描述了角频率为 ω、振幅为 A 的一个振动，其中 $\omega t+\alpha$ 就是相位。如果写成 $y(x,t)=A\sin(\omega t+\alpha-kx)$ 的形式，就描述了一个振幅为 A、波长为 $\lambda=2\pi/k$ 的波。换句话说，相位是描述"振荡"的，存在于周期性现象的描述中，类似于振动、交流电、波动，等等。

是不是很枯燥？那就来看个更枯燥的。在物理和应用科学中，经常用到复函数 $Y(x,t)=Ce^{i(\omega t-kx)}$，其中，复振幅 $C=Ae^{i\alpha}Y(x,t)$ 的虚部对应上文的 $y(x,t)$。

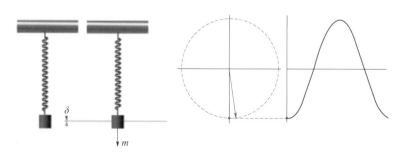

▲简谐运动的相位与波的相位

之所以讲这些枯燥的内容，只是想把来龙去脉搞清楚。

这里需要总结一下：所有写成复数形式的式子都有相位，而相位是与幅角相关的一个相对值。你看，这不就简单了吗？再强调一下：**凡是复数形式的，必有相位**；相位是一个相对值，一定要与初始位置一起用。其实，还可以归纳一条：**凡是能够表示成周期性函数的，都有相位**。

打个比方，排列整齐的队伍在一声"解散"口令后，立马就成杂乱无序状；一声"归位"令下，很快就又恢复了排列整齐的队伍。在这里，每个人都有自己的位置，这个位置就相当于相位。

因此，你会看到五花八门的各种复数表达式，很显然，这些复数表达式里都有相位，只是，你可能不知道这个相位到底表达什么意思。那我们就来列举一下计算光学成像中会遇到哪些相位。

第一是大家熟悉的**光波函数**，有幅值有相位。由于光的探测是强度信

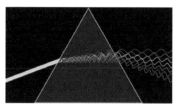

$$E(z,t)=E_0\cos(kz-\omega t+\varphi_0)$$
$$U(r,t)=A(r)e^{i[\varphi(r)-\omega t]}$$

▲光波与波函数

息，相位探测都是用间接方法测量出来的，比如干涉法。自然光的时间相干性和空间相干性都很差，可以认为相位杂乱无章，变化无常，难以记录。

第二是**全息**。全息表示形式本身就是复数的，自然有相位；最重要的是，全息记录的就是相位信息，只需用满足布拉格条件的再现光照射全息图就能重建出原始相位。

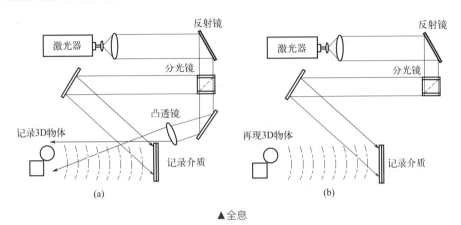

▲全息

第三是**偏振**。在前文《偏振：古老却依然很新鲜》中已经讲过，偏振乍一看似乎找不到相位，但是深入分析一下就知道，偏振有偏振度和偏振角两个量，其中偏振角就可以等效看作相位。

第四是**结构光**成像。我们知道，当平面波投射到物体表面时，遵循菲涅耳定律产生折射和反射，物体表面的起伏会产生相位的变化，将不再是平面波，记录下此时的波前，便能够恢复出物体的三维形貌。这是教科书的表述方式，实验却没那么容易。

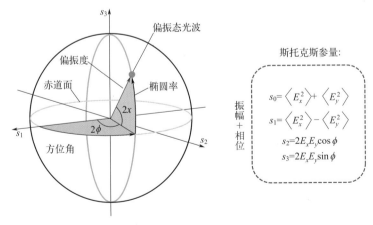

▲偏振在邦加球上的分布示意图

我们希望在自然环境中也能够记录相位，实现三维成像。其实很简单，采用结构光照明，典型的就是黑白相间的平行条纹，投射到物体表面，就能看到条纹的形变，这种形变恰恰是我们通过照明的方式引入的相位；记录下条纹形变，就可以解析出相位，从而重建三维形貌。

第五是大气和水等混沌介质，这种可以称为"**计算介质**"的东西，在成像中往往起着很坏的作用，大气扰动会使天文望远镜看不清目标，于是就产生了自适应光学，还会产生散射。

第六是**傅里叶变换**。傅里叶变换也是复数形式，有频谱图和相位图。图像傅里叶变换相位图代表的是图像的位置和结构信息。在计算光学成像中，我们经常遇到的是在频域里处理信息，就会与傅里叶相位打交道。散斑自相关成像就是典型的案例，其相位恢复就是恢复傅里叶变换相位。傅里叶望远镜当然关系更大了。

▲数学的傅里叶变换

还有一种是**相关运算**引入的相位。其实可以把相关运算看作与傅里叶变换一样的东西，只是一种拓展而已。

其实还有很多与相位相关的，比如有像差的光学系统、多目相机、微透镜阵列、多角度照明等，都有相位的引入。只是，这些相位有的是"坏"的，我们不想要的，比如像差；而有的是我们想要引入的"好"的相位，比如多角度照明。

上面说了这么多，那相位到底能干什么？

2. 相位能干什么

首先，相位属于高维度的物理量，**高维度的信息经过好的处理，投影到低维度，一定会有好的结果**，这当然要看我们在低维度空间到底想要什么。

光电成像朝着"更高、更远、更广、更小、更强"的目标发展，从应用的维度上看，我们需要把偏振、光谱、相位等高维度的物理信息转换为分辨率、作用距离、视场、重量体积和环境适应能力等，当然还有深度信息。

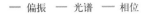

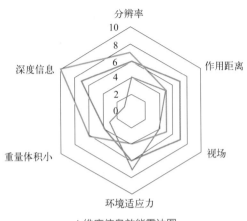

▲维度信息效能雷达图

下面就讨论一下"相位"在计算光学成像中的"法力"。从相位本身的物理意义来看，它是表征"相对位置"的一个物理量，那就天然地决定了它具备与位置相关的能力，比如全息就是一个典型的例子。那么，相位在三维成像、提高成像分辨率、简化光学系统设计和提高环境适应性等方面能发挥什么作用？

（1）三维成像方面的相位

全息成像真正拉开了三维成像的序幕，从全息干板到现在的数字全息，都离不开相位。干板记录的是干涉条纹，通过光源照射还原相位信息，能看到真实的三维图像，而且即使干板打碎，每一个小块都记录了物体的全息图，只是分辨率下降了。而数字全息则通过光电探测器记录全息图，借由标量衍射理论从干涉强度图里恢复出相位，从而达到全息的目的。

光电成像和显示，一定要走向三维！而光电成像实现的二维图像，没有深度信息，就谈不上三维。那如果能记录下或者恢复出相位，可否像全息成像，重建出三维的图像呢？答案是肯定的。

利用非相干光进行三维的成像的例子有：双目立体视觉、结构光照明三维成像、偏振三维成像和散射成像等。

双目立体视觉是利用视差和三角几何关系实现的，只是深度计算模型是按照理想相机建立的，实际应用时，需要对双目相机进行标定，得到内外参数和相应矩阵。这个应用与相位无关。

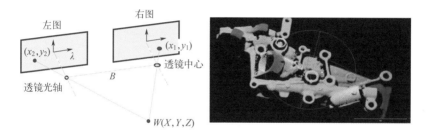

▲双目立体视觉

结构光照明三维成像是采用正弦条纹、格雷码和随机纹理等编码图案的**主动照明方式**，引入相位信息，当然，我们也可以采用时间编码方式。以正弦条纹为例，将正弦条纹通过投影设备投影至被测物后会发生弯曲形变，根

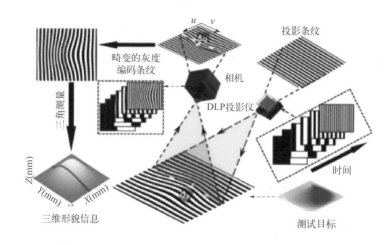

▲基于格雷码图案投影的结构光三维成像技术相关研究[29]

据弯曲程度可以解调得到相位，再将相位转化为全场的高度。这就是结构光三维成像的基本原理，其他的编码形式与此类似。很显然，这种方法与全息不同，只能对结构光照到的形貌进行三维重建，这意味着只能从一个方向观测，它是三维的，但不具有"全息"特性[29]。

偏振三维成像本质上利用偏振角信息重建三维形貌，这个偏振角其实也是相位，在前文已有论述。

我们知道，散射光场具有"全息"特性，一方面，可以从散射场中解译出相位信息，从而获得景深数据，实现三维重建；另一方面，选取一小块散斑也能解译出物体信息，只是分辨率下降了，这与全息很像。其实，从另外一个角度看，散射可以认为是一种特殊的结构光编码形式，既有幅值的调制，也有相位调制。这既是散射成像的魅力，也是挑战，需要我们更好地去发掘。

（2）提高成像分辨率的相位

1953年，荷兰科学家泽尼克因发明了相衬（Phase Contrast）显微镜，获得诺贝尔物理学奖。这是第一个把相位变成强度的成像案例，其原理是利用光的干涉原理，将相位差转换成振幅差（即明暗差）的显微镜装置。相衬显微镜实际上是把人眼看不到的相位信息转换为强度，可以解决透明物体的成像问题。

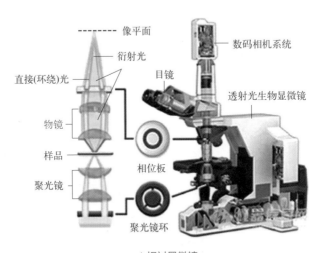

▲相衬显微镜

那么能不能利用相位提升分辨率呢？这几年一直在流行"相位成像"，就是从强度中恢复相位信息，主要有两种手段：一种是相干光照明，根据光的衍射理论，光的相位能影响到强度信息，可以通过在光路中引入某些光学元件使得相位能够反映在图像上，记录下相衬；另外一种是通过已知的强度信息，利用傅里叶光学原理解译出相位，称之为定量相位成像（Quantitative Phase Imaging）[30]。

说起分辨率，就必须说说阿贝衍射极限，光学成像分辨率可以表示为$\delta=k\lambda/NA$，式中，k为系数，如0.61；λ为波长；NA为数值孔径。从公式来看，提升分辨率的手段基本就是减小波长，提高数值孔径。很显然，对大多数成像而言，数值孔径更重要。提高数值孔径除了常规的增大光学口径和油浸介质等手段外，采取的方法都与相干有关，而相干必然离不开相位。常见的结构光照明成像、叠层成像、散射成像和合成孔径成像，都离不开相位。

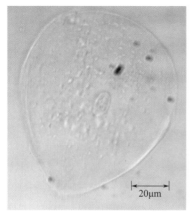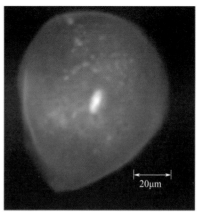

▲细胞的定量相位成像[30]

能不能把相位这个高维度的量投影到分辨率这个维度，能否提升分辨率呢？可以。看一个现实的例子：人的双目视力是超过单只眼睛的，原因就是这里有视差，从而引入了相位，在大脑视觉合成时提升了分辨率。这个是不是很有意思？在这里，问一个问题，这个相位是什么？如何引入的？还有哪些方法能够把相位与分辨率紧密结合起来？请大家思考。

（3）简化光学系统设计的相位

光学系统设计的本质是对相位的优化控制。传统的光学系统为了减小像差，采用多片镜片的组合优化设计，带来了好的像质，也牺牲了体积、重量和加工成本。在计算光学系统设计中，简化光学系统的核心必然是相位的混叠和解译。说起来很简单，在光学系统中减少了镜片，增加了编码过程，这都会引入相位的变化；如果把成像看成线性模型，那么解译就是求共轭矩阵的过程，使之能够恢复到传统光学成像的效果；如果是非线性模型，那就应该考虑减少镜片和编码过程引入的相位变化,可否做景深的延拓和分辨率的提升。

光学器件的相位就好玩了。用廉价的方法,既减小了体积重量,还能三维成像,并且分辨率还能提升,是不是做梦啊?理论上来讲,这还真能做到,但是还有很多的问题需要克服,比如能量减弱带来的对比度下降、数字信号处理引入的噪声和伪重建、光谱的混叠和相位的混叠等复杂问题,当然还有相位信息不足的问题。从本质上来讲,还是多维度物理光场的问题。

(4)提升环境适应性的相位

大气扰动、雾霾、烟尘、水等介质都会引起相位的变化,从而造成图像畸变、看不清、看不远等问题。自适应光学实际上就是在解决相位的问题。但是,自适应光学也存在着自身的局限性,除了需要信标光之外,一是用不起,二是也不一定都能解决问题。这实际上又回归到了光场的问题,目前来看,散射成像应该是解决环境适应性最好的办法了,说到底还是一个相位恢复的问题。当然,还可以异想天开一点,想办法再引入一点其他的因素,也能够更好地解决问题。

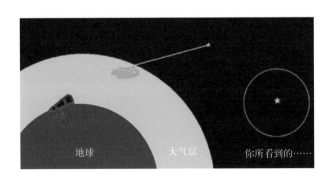

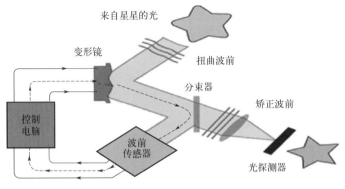

▲应对大气扰动的自适应光学

我们还可以挖掘相位其他方面的潜力，比如能否在拓展视场方面发挥作用，解决"更广"的问题？

其实说了这么多，核心的问题最终还是回归到了多维度物理光场的问题。如果说现在很多方法好像疗效不太好，那是因为我们现在都是采用的线性模型，那个非线性的成像模型还在路上，但我看到，它越来越近了！

3. 怎么用好相位

前面我们讲了计算成像中相位的类型和相位都能干哪些事儿，那我们是不是就能用好相位呢？

该怎么使用相位呢？要回答这个问题，首先要搞明白你要处理的那个相位到底是"谁"的相位；然后看相位要解决什么问题，对症下药。但是，目前面临的问题可能有两类：**一类是没有相位，一类是有相位不知道怎么用。**

对于没有相位而言，那就是想办法引入相位，比如结构光照明。同样，对于**相位余额不足的**，目前多采用焦面前后微移动拍摄多组数据，以更好地恢复光场。

有人问：毛玻璃贴上胶带就变成透明的是怎么回事？这其实就是相位补偿的问题，毛玻璃的随机起伏带来了相位的变化，你看不清楚；贴上胶带，由于胶合得比较好，正好做了相位的抵消，所以毛玻璃就变透明了。不信的话，你拿胶带去贴毛玻璃平的那一面，毛玻璃不可能变透明。其实，这个胶带在数学上就是毛玻璃矩阵的共轭矩阵。

▲胶带使毛玻璃变透明

当你初有小成时，路见不平，拔刀相助，却被"牛二"这个地痞流氓三下五除二给收拾了，你还在纳闷：他怎么能不按招式出招呢？隔壁的"疯大爷"给你指点了一下：你不是还有刀吗？这把刀可能就是那个偏振，你还记得偏振吧？当你觉得无路可走的时候，除了自省之外，一定要跨出低维度的空间去思考问题，把你的十八般武艺都使将出来。偏振、光谱、相位这些物理光场中的高级技术，组合起来，法力无边。

近几年，还经常看到"折叠""叠层"之类的高级词，正如前文所述，光的信息压缩手段有哪些，依然需要我们探索。

计算照明，你是计算成像的『金箍棒』

八戒一脸茫然地盯着新搭起来的实验台，问悟空："为啥我这个图像这么模糊？明明是按照你的要求搭起来的，不是你个猴头在骗我吧？"悟空道："你且走开，看老孙的！"只见那行者从耳朵里掏出了金箍棒，说："变！"那金箍棒顿时发出七彩炫光，直入光路，屏幕中的图像马上变得清晰起来。八戒激动地大喊："猴哥，真有你的！这个变出来的炫光是什么东西啊？好玩，好玩！"行者道："这叫计算照明！"

那么，什么是计算照明呢？为什么要计算照明？主动光能用照明，在被动探测中，有什么参考价值呢？

1. 什么是计算照明

计算光学成像中，计算照明是非常重要的组成部分，在主动成像中扮演着重要的角色。所谓计算照明，就是在成像照明的光源端做空间、时间和物理维度的编码过程，目的是提高成像分辨率和提高环境适应能力等。

首先，我们来看看照明能在哪些方面编码。一般说编码，大家多会从物理维度考虑，比如：强度、相位、光谱、偏振等。其实，在空间维度和时间维度也可以做编码，而在实际应用中，我们更应该综合考虑编码问题。就是说，照明可以写成如下的形式：

$$Illum(x,y,z,t,I,\varphi,\lambda,P\cdots)$$

式中，x、y、z为空间坐标；t为时间；I为强度；φ为相位；λ为光谱；P为偏振。

你看，这不就是光场吗？是的，照明不仅是光场，而且它是被赋予了神奇力量的光场，可以对它进行人工干预，设计出你所需要的光场。我们把人工干预、参与调制的这个过程称为**编码**。在数学中，它是一个变换表达式，经常可写成矩阵的形式。这是不是又来了一个线性变换的例子？

不过，需要说明的是，目前大家用的都是简单维度的照明编码方式。最简单的形式是"零"编码，也就是直接光源照明，不编码；其次是空间和时间编码，那么，高级一点的就是在物理维度上做编码。

很显然，编码的维度越高，意味着光场的调制自由度越大。那么，是不是编码维度越高，光场就越厉害，就能战无不胜？未必，思考维度还需要进一步提升。什么是好的？能满足需求的、越简单的越好！直接能列方程组解问题的，

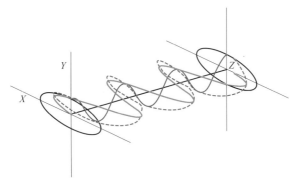

▲光场传输示意图

绝对不要使用"奇技淫巧"。高射炮打蚊子，非必要轻易不要使用！

注意：计算照明还有一个非常重要的功能，那就是**提升光场维度**。前文中已经多次解释过：维度提升意味着能够解决低维度无法处理的问题。

然后，我们来看看常见的计算照明都有哪些。在空间维度上，大家最熟悉的可能就是结构光了，其实还有自愈合光束、散射光等；在时间维度上，典型的有脉冲光束和时间编码光束。在物理维度上，有偏振光、量子纠缠光、涡旋光等。其实，还有一些拓展照明光，比如傅里叶望远镜中的主动激光照明，实际上是光在频域中的拓展应用。

我们更需要在空间、时间和物理维度上根据光场的需要，做出新的计算照明光场，这才是我们今后要更加大力发展的，也是计算照明领域中最广阔的空间。

2. 为什么要计算照明

照明是个好东西！漆黑的夜晚，打开手电，你能看清脚下的路。我们生活在一个离不开光的世界里，我们拥有能够感知可见光的眼睛，能欣赏到美丽的自然景色。在黑暗的夜里，那一缕灯光就是指路明灯，那一道亮光可能就是制止罪恶发生的达摩剑。其实，这是因为眼睛在太黑的环境中，感光细胞的响应灵敏度明显下降，只有通过补光，才能达到一定的信噪比，让我们看清这个世界。这时，照明是起着提高信噪比的作用。

计算光学成像的目标是"更高、更远、更广、更小和更强"，虽然光电成像大多是被动成像方式，隐蔽性好，不易暴露，但也使得系统性能受限；同时受制于环境影响严重的问题，比如在夜晚，可见光相机很难看清楚物体。但当我们引入计算照明，比如在工业和医学等领域人为地干预、设计照明光场，便给了我们非常大的能力发挥空间。

这时候，计算照明就真的变成了孙悟空那根神奇的金箍棒！下面，我们通过几个典型的计算照明加以分析。

（1）结构光——提升成像分辨率和三维形貌成像的利器

在追求高分辨率的历程中，科学家的追求是无止境的，谁都想打破衍射极限。可是，这条路很难，各路"神仙"纷纷登场，我们来看看照明能起点啥作用。

最先登场的就是结构光。相信大家对此都很熟悉了，结构光不但可以进行三维形貌成像，而且可以提高成像分辨率。最经典的例子就是SIM（Structure Illumination Microscopy，结构光照明显微成像），其原理莫尔条纹（Moire Pattern）是18世纪法国莫尔首先发现的一种光学现象。从技术角度上讲，莫尔条纹是两条线或两个物体之间以恒定的角度和频率发生干涉的视觉结果。当人眼无法分辨这两条线或两个物体时，只能看到干涉的花纹，这种光学现象中的花纹就是莫尔条纹。SIM的成像分辨率约为衍射极限的1/2[31]，研究的人员很多，论文也比比皆是，在此不详述。

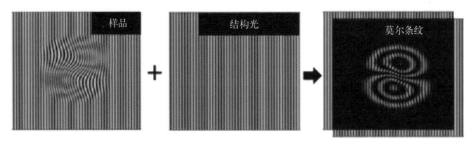

▲莫尔条纹效应[31]

然后，我们再看结构光的三维成像技术。结构光三维成像是利用投影技术，将调制后的周期性光场信号投射到物体，在物体表面光场信号会因形貌变化而发生变化，从其变化中解译出相位信息，从而重建出物体的三维形貌[29, 32]。这些在前面的文章里已有论述，研究者甚众，不再赘述。

下面我们来看看散射光场吧。它是特殊的结构光，与普通结构光不同的是，散射光场是随机调制，而且是幅值和相位同时调制的非周期性光场信号。作为结构光，散射光场当然可以超分辨率成像，而且它具有的更大优势是在很多应用场合，散射介质是自然存在的，比如生物组织、水和大气等，可以自然获取散射光场，只是我们对光场的研究还不够透彻，很多时候认为散射是不利的,需要回避;同时,它当然可以三维成像,这些内容在前文《散射成像:又爱又恨的散射》中已有论述。

(2)自愈合光束——传得更远,功能很强大

无衍射光束(又称自愈合光束)在1987年由J.Durnin首次提出,是自由空间标量波动方程的一组特殊解,光场分布具有第一类零阶贝塞尔函数的形式。其特点是在无界的自由空间传播时,与传播方向垂直的每个平面光场分布是保持相同的,并且具有高度的局域化强度分布,也就是说光束中电场强度的横向分布很集中,这类光场绝对不遭受衍射扩展,因此称为无衍射光束。用轴锥透镜聚焦高斯光束可形成贝塞尔-高斯光束。贝塞尔光束的光强分布与传播距离无关,具有两个优异的特性:无衍射特性和自愈特性。

▲贝塞尔光束

对于实验中所获得的近似贝塞尔光束,一般认为只要光束中间亮斑(或暗斑)的强度和尺寸不随传播距离发生变化,即可近似认为该光束具有无衍射特性。自愈特性是指当贝塞尔光束在传播的过程中经过障碍物后,其波面会因为障碍物的衍射、散射、吸收等发生改变,但是当它再继续传播一段距离后,其光强分布又会得到恢复,即恢复贝塞尔分布。

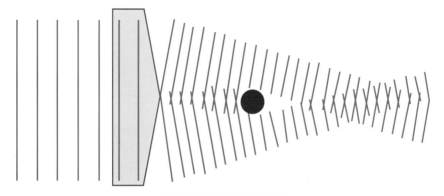

▲贝塞尔光束的自愈合特性

是不是很神奇？不但神奇，而且很强大。下面我们来看看自愈合光束的应用。

① 非线性光学显微成像——传得更远

非线性光学显微成像技术是利用非线性光学效应产生的非线性光学信号对微观物体进行显微成像的技术。与传统的显微成像技术相比，非线性光学显微成像技术具有很多优点。由于非线性光学效应具有较高的阈值，只有当激光功率密度达到一定值时才能够发生，通常只发生在焦点处，因此非线性光学显微成像技术具有天然的3D成像能力，无需对目标进行荧光标记，避免了荧光毒性，且入射的激光能量被完全转换成出射的光子能量，也降低了探测生物被杀伤的可能性。此外，非线性光学显微系统中所采用的激光器波长处于近红外，大大增加了成像深度。目前，非线性光学显微技术因其高空间分辨率、无需荧光标记和穿透深度深等优点已经广泛应用于生命科学、生物医学和材料科学等领域。

在传统的非线性光学显微技术中采用高斯光束作为激发光，然而高斯光束在介质中会发生衍射和散射，造成严重的相位失配，在很大程度上降低了信号的强度。此外，散射也使得激发光的强度严重减弱，缩短成像深度。

近些年来，贝塞尔光束由于其无衍射和自愈的特性，被用于非线性光学显微技术中。一方面，由于具有无衍射的特性，贝塞尔光束作为激发光可以实现较长距离的相位匹配，增强非线性光学信号；同时贝塞尔光束的无衍射特性也可以增加单次扫描厚度，从而增加了扫描速度，减少了对样品的损伤。另一方面，由于具有自愈特性，贝塞尔光束可以绕过散射物进行非线性光学成像，有效地增加了成像深度，适用于深层组成的成像。

② 贝塞尔光片显微扫描成像——更广、更高

贝塞尔光片显微扫描成像利用微米级厚度的激发光片激发生物样品的荧光，在与激发光片方向垂直的方向探测样品的荧光信号，形成一张二维图像。光片显微成像只会激发焦平面附近的荧光分子，具有三维层析成像速度快、光漂白弱和光毒性小等优点，是生命科学领域中重要的三维成像工具，可以扩大观测视场，实现高时空分辨率。

③ 超分辨率成像——更高

贝塞尔光束特殊的物理结构让突破衍射极限的超分辨成像成为可能，但轴锥透镜无法对物体直接成像。因此通过将普通透镜和轴锥透镜级联使用，并且将目标成像物体放置于普通透镜前焦面处，将不同位置的物点的光波转化为一系列平面波，如下图所示，不同位置的物点的光以不同颜色表示；轴

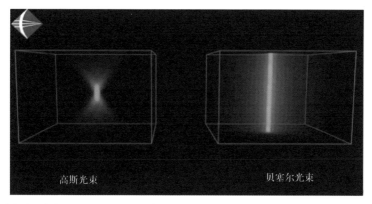

高斯光束　　　　　　　　　　　　　　　贝塞尔光束

▲中国科学院西安光学精密机械研究所（简称西安光机所）姚保利研究团队针对光片荧光显微及
应用进展提出的基于贝塞尔光束的光片显微扫描成像[33]

锥透镜将这些平面波进行超衍射聚焦，从而实现超分辨率成像[34]。

　　贝塞尔光束超分辨率成像技术是利用轴锥透镜这种特殊的光学相位器件对点扩散函数进行调制实现的，在聚焦光斑主级半峰全宽减小的同时，光斑的次级旁瓣的强度随之提高，像点会产生水波纹状的强度分布。

　　看到这里，你是不是会觉得自愈合光束太强大了？其实，它的强大远不止这些。自愈合光束在激光加工和激光武器中都有很好的应用。贝塞尔光束极细的中心光斑和较大的焦深可用于材料微细加工，如激光打孔；在激光武器中，三维艾里-贝塞尔光子弹，可以绕过掩体而直击目标。由于无衍射的特点，无衍射光束贝塞尔光束和艾里光束已经被广泛用于俘获原子和微观粒子，这就是获得诺贝尔奖的"光镊"。

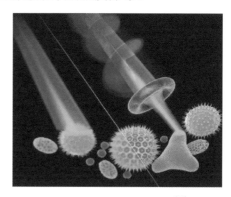

▲贝塞尔光束超分辨率成像[34]

　　普通光的轨道角动量为零，拉盖尔-高斯光束经过轴棱锥形成螺旋贝塞尔光束，产生的螺旋贝塞尔光束（高阶贝塞尔涡旋光束）具有非零的轨道角动量，而非零的轨道角动量可以携带大量信息，这种特征可以用于

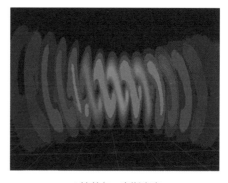

▲拉盖尔-高斯光束

量子信息探测。无衍射光束因中心光斑直径较小，并且发散角为零，在自由空间光通信领域具有良好的应用前景。除了贝塞尔光束，艾里光束在传输时具有光束扩展小、湍流环境中抗干扰能力强、自由空间发生自聚焦等特点。

（3）偏振光照明——更远，更高，更强

在《偏振：古老却依然很新鲜》中，重点讲的是被动偏振成像技术，在这里，我们重点讲主动偏振光成像，就是利用调制的偏振光照明，获取偏振光场的信息。

① 水下偏振成像——更远，更强

偏振水下成像的原理是利用目标反射光和后向散射光偏振信息的差异将二者分离，从而获取清晰场景图像。为了增加目标反射光与后向散射光偏振度的差异，提升水下成像质量，在自然光无法照到的深海或夜间等场景，可采用偏振光作为照明光源进行成像。其中一种偏振光照明的方法是在成像过程中由光源出射的非偏振光，经过偏振片调制后变成线偏振光。水体和目标对线偏振光会产生不同的退偏效应，表现为后向散射光和目标反射光具有不同的偏振度，突出了偏振的目标特性，可提升成像信噪比，也可提升作用距离[12]。当然，在光源调制的过程中会损失能量，对光源要求比较高；同时，在探测时，因为偏振还会损失能量。

▲随水体浑浊度变化的成像结果[12]

② 透过生物组织成像——更强

大部分生物组织在可见光和近红外波段都是高散射介质，光在组织中传播时往往经历多次散射，这一过程影响透过生物组织的成像深度。由于散射过程中光子偏振态的改变与散射介质的微观结构有密切关系，可以利用不同散射介质对偏振光的作用不同，实现透过生物组织成像。

③ 偏振结构光成像——更高

结构光照明时，入射光引入偏振态调控，可以增强干涉条纹的对比度。

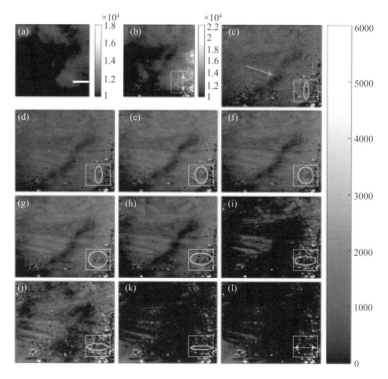

▲利用线偏振和圆偏振光对鸡颈部组织的测量结果

（a）和（b）为线偏振光源照明时探测器接收到的正交偏振方位角图像；（c）～（l）为采用圆偏振光照明并
且采用不同角度的图像进行偏振差分成像的结果

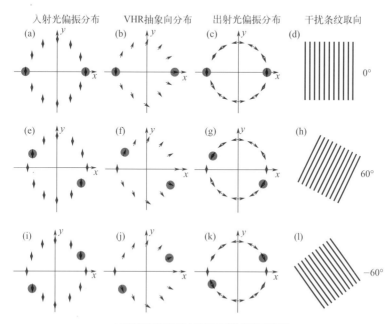

入射光偏振分布　　VHR抽象向分布　　出射光偏振分布　　干扰条纹取向

▲零级涡旋半波片偏振控制过程示意图

偏振调制的方法很多，这里介绍零级涡旋半波片（Zero-order Vortex Half-wave Retarder，VHR）偏振调制，在能量利用率方面，VHR的透过率与普通半波片类似，几乎没有能量损失，理论上接近100%，在系统复杂度和能量利用率方面有着明显的优势。

④ 偏振光场重聚焦——更深

2017年，我的好朋友Sylvain Gigan教授在获取散射传输矩阵后，利用波前整形技术使透过散射介质后的偏振光重新聚焦，恢复了光波原始输入的偏振状态。该技术可以增加分子级显微镜在生物组织中的成像深度。

（4）傅里叶叠层成像——开创计算照明新纪元

傅里叶叠层成像是计算照明的巅峰之作。还记得相干照明下成像分辨率的公式吧：

$$d = \frac{\lambda}{NA}$$

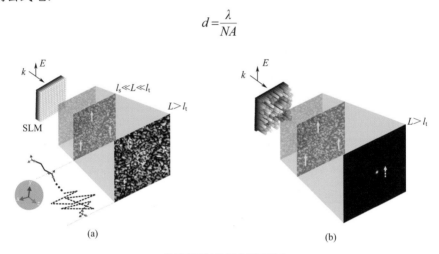

▲偏振光透过散射介质重聚焦

式中，NA 是指光学系统的数值孔径，$NA=NA_{lens}$。在傅里叶叠层成像出现之前，很少有人会去考虑除了光学系统之外的数值孔径问题。但傅里叶叠层成像出现后，NA 发生了变化，变成了 $NA=NA_{lens}+NA_{illu}$，在这里 NA_{illu} 是照明的数值孔径。

照明竟然还有数值孔径！自然，有了这个数值孔径，就可以提升分辨率了。下面我们来看看这个为超分辨率成像而生的傅里叶叠层成像。

傅里叶叠层成像的本质是合成孔径，只是这个合成孔径是利用照明这个工具，通过一个相机多次拍摄不同角度照射的场景进行频域延拓，重建出高分辨率的图像。

傅里叶叠层成像的原理：通过依次点亮不同位置的LED来对样品进行多

角度照明，并采集每个照明角度对应的低分辨率强度图像。然后利用相位恢复算法在频域进行拼接，实现目标的高分辨率重建。它的机理是**由于光与物质的相互作用（瑞利散射、米氏散射等），当改变照射样品的光线角度时，可以采集到样品不同角度的散射光（对应样品出射光波的不同空间频率，也就是样品频谱的不同区域）。因此原本超出物镜衍射极限的高频信息**因为多角度的照明被移到系统的通带内，以强度图像的形式被记录下来。

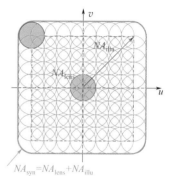

▲ 合成数值孔径

　　计算照明是在光场维度上做了调制，为提高分辨率、提升作用距离、增强环境适应性带来了工具箱，随时开启。

　　在这里，需要特别强调的一个例子是我的学生朱磊在Sylvian Gigan实验室做的工作：利用时变随机照明实现了透过散射介质超光学记忆效应范围的非侵入式成像，解决了散斑自相关成像技术中光学记忆范围受限的难题，提出基于散斑指纹成对去卷积的图像重建方法，极大地简化了图像重建过程。在这里，时变随机照明其实就是照明在时间和空间维度上的一个变换，属于典型的计算照明，不仅搭建起了突破光学记忆效应边界条件的桥梁，而且可以进行超分辨率成像。这个工作也被Nikon公司做了特别报道。

3. 计算照明拥有美好的未来

　　其实，照明还有很多方法，这里只是选取了几个典型的案例作为引子，供大家参考。这些方法主要是提供点佐料，开拓开拓视野。那么计算照明的未来是什么？没有条件提供主动照明的情况下，我们还能不能使用这些方法？怎么用？

　　正如开始所说，计算照明的本质是人工干预光场的调制，在深度理解光场的基础上，根据需要引入光场的调制手段。从维度上看，可以从空间、时间和物理多个维度调制照明光场，很显然，我们可以拥有绚丽多彩的多种组合，变换手段多得真的就像孙悟空的金箍棒。

　　可以说，计算照明的前景很好，但现实还是很现实，似乎我们拥有的成熟度高的计算光场设计并不是很多，用起来也并没有那么得心应手，这是怎么回事？这么一问，又说到根源上了，那就是计算成像的灵魂——光场。我们对光场的理解深度和维度尚存在一定的距离，还需要更多地去探索，尤其是高维度光场怎么构建，高维度光场怎么用，光场与我们的那五个目标"更高、更远、更广、更小、更强"之间是什么关系，这些物理量相互的关系和桥梁是什么，这些都需要我们和更多的人来研究。

计算照明既然是计算成像的"金箍棒"，一定会拥有美好的未来。前面大部分例子，其实多是少数维度的调制，这样做既有调制方法相对简单，又有对光场的理解深度不够的原因。但是我们更应该深刻地意识到：计算照明是我们能够对光场进行干预最容易也是方法最多的手段，这是福音，我相信这根"金箍棒"值得你拥有，只是你必须静下心来好好研究光场。

更进一步思考，这些主动成像里的方法能否应用到被动成像中？可以说大部分不行，但不是所有的都不行。那到底哪些行？这就要看这些成像的条件是什么，这些边界条件直接决定成功与否。如果边界条件不成立，我们能不能想办法在被动成像里引入其他的方法，提升维度，架起条件缺失的那一道桥梁？这些，应该是我们今后要好好思考的问题。

计算光学成像中的
数学问题思考

1679年3月15日，德国。莱布尼茨发明了二进制计数。

1701年，北京。神父白晋收到了一封信，朋友莱布尼茨在信中告知了他这一发明，希望能引起他心目中的"算术爱好者"——康熙皇帝的兴趣。

1945年，美国。冯·诺依曼加入了通用计算机ENIAC（Electronic Discrete Variable Automatic Computer）研制组，方案明确提出新机器由五个部分组成，包括：运算器、控制器、存储器、输入和输出设备。冯·诺依曼根据电子元件双稳工作的特点，建议在电子计算机中采用二进制。

2022年7月，西安。经过14年苦读的八戒同学，在博士开题中选择了计算光学成像这个热门方向，导师是大名鼎鼎的唐三藏。八戒同学志忑不安地走进唐老师的办公室，惶恐地把处理的图像展示出来。三藏大师面露不悦，说："八戒，你的数学基础不牢，终难成大事，博士毕业路漫漫啊！"八戒挠挠头，道："我代码是网上下载的，怎么结果老是不对呢？"三藏道："你要自己编程序，不能用网上的代码做，模型不对。"

大师瞥了八戒一眼，道："今天我再给你讲一讲计算光学成像中的数学问题吧，师傅希望你能够领悟这些知识内涵，将来会走得更远……"

八戒惊慌失色，噤若寒蝉："师傅，您……您……您请讲！"

1. 0≠1，数字与模拟的对决

"你看看，在计算机中，1.0是否等于1呢？"大师和颜悦色道。博士开口："当然相等啦！师傅，小学时学小数每次我都能及格。"大师道："你又错了。在计算机的世界里，都是0和1构成的。你要注意，在计算机中，只有整型数有确定的值，而浮点数都是保留一定精度位数的非确定值。比如1.0这个数，它的值很有可能是这样的：1.0000000000579，也有可能是0.9999999999903729，但整数值1就是1，不会有后面那么多小尾巴。知道吗？"

"知道了。"

大师继续道："你看，现在的算法都很复杂，迭代次数多到一定程度的时候，这些小尾巴就变得不是原先的微不足道的样子，愚公移山效应就出来了，你会得到误差变大的数据。这个时候，你就应该回头考虑算法的设计是否合理了。在这就是离散与连续、digital（数字）和analog（模拟）的区别。

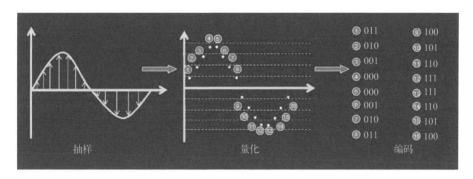

▲离散采样、信号量化

　　"我们学的高等数学，大部分都是在讲连续函数或者分段连续函数，可以很方便地做积分、微分等运算，每次得到的正确结果往往都很完美；可是，到了计算机时代，我们熟悉的那些连续空间，现在都变成了离散空间，由原先的线、面变成了离散点的集合，图像就是我们常见的矩阵形式，如果是激光雷达，那就是三维的点云了。

　　"这时候，就涉及采样和量化的问题。采样决定的是空间坐标，在计算机中就变成了矩阵的下标，采样点越密，下标数值就越大，这就意味着空间分辨率更高。比如，现在的4K视频图像，横坐标就从0到4095共有4096个值，而8K则有8192个值。量化呢，则是将一个模拟量按照多少个比特位进行数字化，一般设置模拟量的最大值和最小值，然后根据量化位数均匀量化为一个整型数。通常，量化的位数有8bits、10bits、12bits、14bits和16bits。我们现在用得最多的是8位，此时，量化数值的范围就是0～255。"

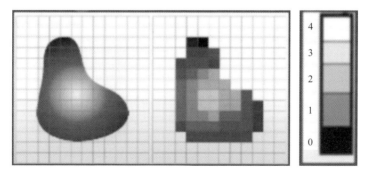

▲图像的采样和量化

　　博士有些不耐烦："师傅，这些我都懂……"

　　大师打断他："我知道你知道，我也知道你还不知道！

　　"你看，采样量化之后，一幅图像就变成了一个矩阵，矩阵在计算机中可以表示成一个一维数组，这样，计算机就能处理它们了。这些都是好事，但是，你想想，采样的时候，会不会那个采样点正好跨在两个不同物体之间，那么这个点到底代表哪一个物体呢？举个例子，光学遥感卫星的分辨率为0.1m，一个采样点正好处在你和你猴哥之间，那么这个点是八戒还是悟空？一个量化前的数值87.5到底下取整还是上取整？87.4和87.6这两个本来离得很近的值会因为量化原因距离变得越来越远，而86.6和87.4却成了同一个数值。因此，在连续空间中求导和离散空间微分就会产生不同，导致了原先连续世界堪称完美的算法到了离散空间需要进行优化设计，这就造成算法复杂、计算精度变差的问题，甚至还带来了数字噪声。"

说着，大师从桌子上拿起一张纸，用手一撕，继续说道："一张纸用力拉扯会被撕破，而一团橡皮泥则可以随意拉伸，这是怎么回事？"博士说："您说的是拓扑吗？"大师斜了博士一眼，说"其实，这个矩阵就像一张纸，你要做图像畸变矫正和超分辨率重建时，要么挤压坐标，要么拉伸坐标，这时候就会像撕破的纸一样出现窟窿，而橡皮泥则不会。这些都是我们做数字信号处理要面临的问题啊！

"我们现在大都采用奈奎斯特采样方法，这个方法是一种悲观的设计理念，按照最高频率两倍以上的频率采样，能够保证每次采样都能满足工程要求，但也带来了数据冗余的问题。已经90多年了，至今还没有其他好的办法替代啊！"大师叹曰。

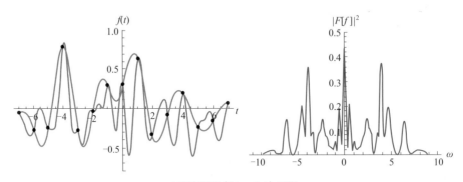

▲奈奎斯特（Nyquist）采样

"我看隔壁实验室的紫霞仙子在做压缩感知，这几年做得风生水起，言必CS（Compressive Sensing），大小会议上都有她的影子……"博士说。

"你不懂，你不懂……"大师面露愠色，道："以后我再给你说吧。你记着，原先我们习以为常的那些公式，在冯·诺依曼的架构中，要忘记那些连续的公式，在计算机的世界里只有0和1的二进制，这其实也是最笨的一种形式，依靠的是高低电平分别记录1和0，抗干扰能力比较强，但也付出了巨大的代价，因为用二进制记录数字无疑是位数最长的，而且，在计算机中其实做的与、非、或这样的逻辑计算，依靠的是一种愚笨、无趣、简单重复的运算规则，拼的是CPU，当然，算法更重要，好的算法将大大提升运行效率。当然了，如果有一天，有了量子计算机，有了光计算，突破冯·诺依曼架构，这些计算就不成问题了！

"还有一个问题，你想一想。在计算机中遇到两个值相差太远的运算，比如 $1.23 \times 10^{38} + 4.56 \times 10^{-24}$，会得到什么样的结果？"大师继续问道。

博士疑惑地望了师傅一眼，拿出纸就要算，大师摇摇头，说："这个根本就不用算，这个计算没有意义，因为在计算机里，这两个数都是按照二进制科学计数存储的双精度数，都有有效位数的限定，而这两个数值相差太远，有效位无法满足正确的计算，这时候，你就要考虑算法的重新设计了。"

2. 再见了，无穷

"我们再来看看无穷吧。"大师接着说道，"首先，在计算机中已经没有了无穷这个大家看似熟悉却不一定真正理解的概念。计算机只能解决有穷的问题，典型的是积分，在数学中有很多从负无穷积分到正无穷的函数，在计算机的世界里，我们只能做有限位数的截断，满足计算精度要求就够了。这无疑给我们带来了很大的方便，应该说大多数问题都能解决，可是有些时候，却给我们带来了很大的麻烦，这个问题尤其会出现在图像处理领域，因为，我们要经常与傅里叶变换和一些典型的无穷级数打交道。我们来看看数字图像处理中经常会遇到的振铃效应吧。振铃效应是怎么回事？"

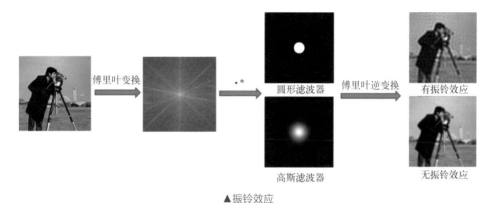

▲振铃效应

"这个难不倒我。振铃效应就像往水里扔一个小石子，会出现一圈一圈的涟漪，在图像中看到的就是这样一圈一圈的振荡条纹。"博士笑着说。

大师的脸上掠过一道乌云，说："你说的是表象，不是根源。我们做研究就要刨根问底，追寻事物的本质。其实，这个振铃效应也是因为无穷造成的，最根本的原因就是在计算中做了有限截断，原本从负无穷到正无穷积分平滑的曲线出现了振荡，从傅里叶级数就能看到这个现象。

"当然了，数学家有办法来解决这样的问题，TV（Total Variation）全变分法就可以比较好地解决这个振荡的问题，这些'振铃'就像布满沟壑的地面，通过不停地打磨将其磨平，这个过程就像TV算法。在图像中，你会看到振铃效应去掉了，但任何事情都要付出代价，这个代价其一是费时，算法迭代周期很长，其二是打磨带来了油画的Painting效果，出现一些色块，也失去了一些细节。"大师叹曰："No pain, no gain（没有付出就没有收获），在计算机的世界里，再也没有了无穷这个概念，再也没有了数学的那些完美……"

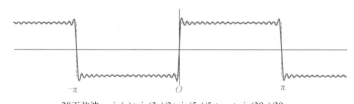

20正弦波：$sin(x)+sin(3x)/3+sin(5x)/5+\cdots+sin(39x)/39$

▲傅里叶级数示例

3. 除以0，你躲得了初一，逃不了十五

1/0=?这个问题，如果去问多个人，答案保证不止一种，但正确答案是小学时老师教给我们的：0不能做除数！可是，上了大学学了几天微积分，膨胀的心开始怀疑这个0到底能不能做除数。这个问题可以用反证法证明。

$$1\times0=0\Rightarrow\frac{0}{0}=1$$

$$2\times0=0\Rightarrow\frac{0}{0}=2$$

然后，可以得出一个荒谬的结果"1=2"。

0就是0，不是无穷小，而且无穷小还有正负之分。很多人对概念理解不透彻，不重视概念，只注重做题。

在数字计算过程中，我们不可避免地会遇到除以0这样的问题，当然还有除以一个很接近0的或正或负的小数，这些都会造成计算灾难。

我们来举第一个例子：逆滤波。

逆滤波是图像恢复中第一个要讲的方法，原因是原理简单。下面我们采用数学家的习惯思维模式来讲解。

考虑一个带加性噪声的线性平移不变模糊模型$u_0 = k \cdot u + n$，其中假设PSF函数$k(x)$和Fourier变换函数（或OTF函数）$K(\omega)$已知。

逆滤波法复原是指通过某个估计的滤波器，从模糊的观测图像u_0中估计理想清晰图像u，即$\hat{u} = \widehat{u_\omega} = \omega \cdot u_0$，式中，$\omega$为合适的滤波器。

在无噪声情况下的Fourier域的理想解为：

$$W(\omega) = \frac{1}{K(\omega)}$$

从数学上看，完美重建似乎唾手可得了！但非常不幸的是，通常是一个低通滤波器，并且$K(\omega)$在高频区域内迅速衰减，导致$W(\omega)$极不稳定，趋于无界；而且，高频区域内的某些细小误差会被过度放大。

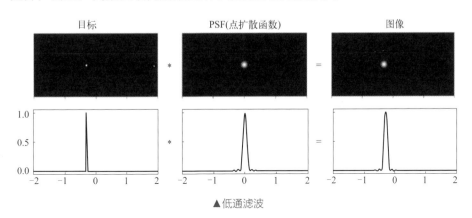

▲低通滤波

我们来仔细分析一下原因：当$K(\omega)$等于0或者接近0时，作为除数，直接导致了$W(\omega)$的振荡！

如何克服呢？数学家的思路是这样的，将$W(\omega)$重写为：

$$W(\omega) = \frac{K^*(\omega)}{K(\omega)K^*(\omega)} = \frac{K^*}{|K|^2}$$

式中，*表示复共轭。于是，可以加上某个正则因子$r = r(\omega)$，将高频区域内可能为0的分母正则化，即：

$$W \longrightarrow W_r = \frac{K^*}{|K|^2 + r}$$

从这个式子中可以看出，在低频范围内，由于 $r << |K|^2$，W_r 接近于 W，所以重建效果会很好，与真值接近；但到了高频区域，K 几乎为 0，$|K|^2 << r$，会出现高频因为压制而被扭曲，自然重建效果不好，还会出现振铃。

如此一来，我们可以清晰地看到，逆滤波因为除数中存在 0 的问题会导致重建结果很糟糕，如果引入正则因子变为正则化逆滤波，重建结果就会大有改善。于是，寻找合适的最优正则因子，成了解决这个问题的秘籍。

1942 年，控制论的创始人诺伯特·维纳基于最小均方误差准则提出了一种最佳线性滤波方法，被称为维纳滤波。

我们来看看最优维纳滤波的形式：

$$W(\omega) = \frac{K^* S_{uu}}{|K|^2 S_{uu} + S_{nn}} = \frac{K^*}{|K|^2 + r(\omega)}$$

式中，正则因子 $r(\omega) = S_{nn}/S_{uu}$ 是平方信噪比。

但是，我们也要看到维纳滤波的局限性：①模糊核必须是平移不变性的（或者是空间均质的），同时 PSF 函数是显式已知的；②噪声和理想图像必须都是广义均质的，而且统计特性（S_{nn} 和 S_{uu}）都可以被预先估计。

当然了，这些问题现在都已解决，也就是改进的维纳滤波方法。

再举一个编码曝光的例子。运动模糊是我们经常遇到的一种导致图像质量急剧下降的例子，来看一下运动模糊的卷积核：

$$k_t(x) = \frac{1}{L} 1_{[0,L]}(x \cdot t) \times \delta(x \cdot n)$$

这个看起来很唬人的公式，写起来其实就是门函数，与曝光时间相关。我们知道，门函数的傅里叶变换是 Sinc 函数，会出现**过 0 点**。

把快门改成总曝光时间不变、在时间维度上做编码，于是就变成了一个窄门函数序列形式，称之为曝光编码。现在，我们再来看这个函数在傅里叶域中就不再是 Sinc 函数，而且都是远离 0 的数值，这样的函数做复原，就完全避免了除以 0 的问题。

4. 歧路亡羊——对多映射问题

战国《列子·说符》："大道以多歧亡羊；学者以多方丧生。"

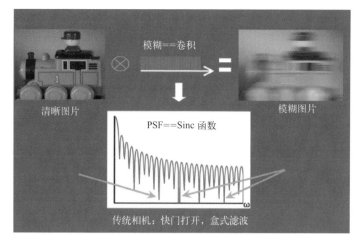

▲ Ramesh Raskar, Amit Agrawal ,Jack Tumbin 针对传统的单次曝光照片中
运动模糊成像问题提出使用颤振快门的运动消模糊[35]

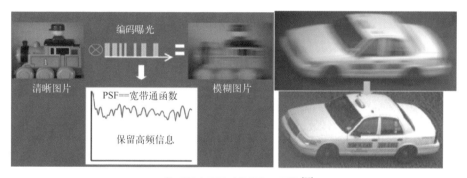

▲编码曝光及运动模糊复原图像[35]

　　在计算成像中，歧路亡羊之事多矣，典型的就是一对多映射的问题。好
的方法往往是一一对应的，干净利落。如果遇到了一对多映射的问题，常见
的解决办法有两种：一是加约束条件，减少一对多映射的数量，当然，这不
是好的方法；另外一种是改变映射方法，使之变成一对一的映射关系。

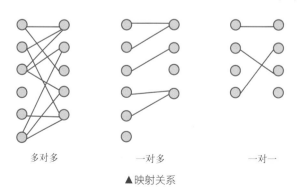

多对多　　　　　　一对多　　　　　　一对一

▲映射关系

下面来看一个一对多映射的例子：编码孔径成像——最早的光场相机。

首先，我们来看看景深DoF（Depth of Field）的公式：

$$\text{DoF} = \frac{2f^2 F^{\#} \delta u(u-f)}{f^4 - (F^{\#})^2 \delta^2 (u-f)^2}$$

式中，f为焦距；$F^{\#}$为光圈值，即F数；δ为容许弥散圆直径；u为拍摄距离，即物距。

根据这个公式，就能知道为什么运动场上的运动员甩头时汗液四溅的镜头看得清清楚楚，而背景却一片模糊的原因了，也就知道为什么手机要做一个大光圈的人像模式了。前者是因为景深太浅，后者是因为景深过深。

那能不能设计一个全景深的相机呢？这就是光场相机的由来。

先做一个假设：如果离焦程度与图像深度一一对应，那么就可以利用Deconvolution方法按层重建图像，合成全景深的图像。

那我们来看看这个假设成不成立。MIT的科学家Ramesh Raskar做了一个实验，采用佳能的50mm/F1.8的镜头拍摄图像，由于这个廉价的镜头只有5片光圈叶片，离焦的点扩散函数就是典型的五边形[36]，见下图。

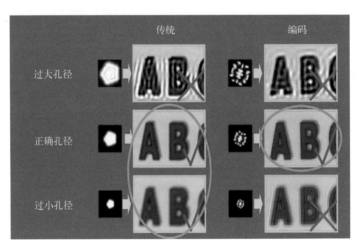

▲传统孔径与编码孔径的逆卷积结果对比[36]

从第一组实验来看，很显然，结果并不理想，一幅离焦的图像，经过不同的离焦点扩散函数做逆卷积，却发现不同的卷积核重建的结果差不多，出现了一对多映射的情况。怎么办？放弃吗？

莫斯科不相信眼泪，科学家也不相信！于是，Ramesh教授设计了如上图所示的编码孔径，再做实验一看：这样的编码孔径就可以实现一对一的映射了。

然后，利用编码孔径技术，就做出了全景深相机，也就是光场相机。

5. 虚做实来实亦虚——相位恢复

在数学中，我们开始学了实数，后来学了复数，再后来，我们发现所有实数都可以用复数表示，只是虚部为0而已。

在计算成像中，我们经常会与复数打交道，其实更多的是与相位打交道，这在前文《相位到底是个啥》里有详细的论述。在我们的光电成像系统中，像差是随处可见的，只是控制在一定范围内，我们可以认为满足成像要求而已。那也就是说，我们得到的都是复数值，有相位，与实数的那个图像有差距。但是，探测器接收的时候，只接收到了强度信息，也就是实数，这些相位丢失了，变成了强度蕴含在图像中。其实，现在这个过程还很少有人能搞清楚，尤其是涉及非线性、宽光谱等问题，现在的模型都无法解释。而这些问题非常重要，一定要解决！

在成像系统中，通常的相位恢复问题可以归结为由已知一对傅里叶变换f和F函数的部分信息去重构像。仅当复波函数属于一特定类型的函数时，才有可能实现相位恢复。在成像系统中通常认为所有涉及的函数都是带限的，根据问题的本性和测量的数据，典型重构问题有以下三类：

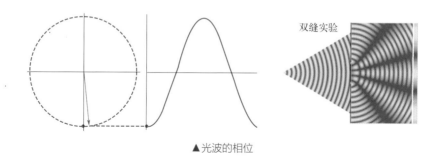

▲光波的相位

① 从两个强度测量值来恢复相位。例如从成像平面和衍射平面上的场强来实现相位恢复。

② 施加非负限制下的相位恢复问题。由一对已知傅里叶变换函数的振幅分布和某些先验信息，例如目标物光波是限制于实数和恒正的函数，就足以确定傅里叶变换谱的相位。

③ 有附带限制的相位恢复问题。从已知傅里叶谱强度和有关物目标的先验附带限制来恢复相位、重构目标。

相位恢复解存在着多义性或者模糊性，这些模糊性只会引起目标位置的平动或指向的改变，不会影响目标物的图样变化。如果只出现这类模糊，则认为目标是唯一的。

近30年来，许多学者提出了多种复原方案。

1971年，R.W.Gerchberg和W.O.Saxton为解决电子显微镜成像分辨率问题，提出利用已知像平面和出射光瞳的强度分布信息，通过迭代算法恢复出射光瞳面的光场相位分布，即Gerchberg-Saxton，GS相位恢复算法。但是GS算法也存在一些不足，例如收敛速度慢、迭代次数多、依赖双强度测量等。

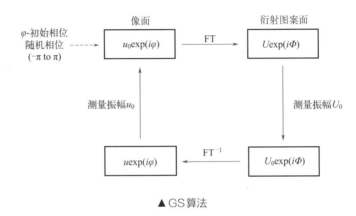

▲ GS算法

1978年，J.R.Fienup在GS算法的基础上提出了适用于一般对象的重建算法：误差减小法（Error-Reduction，ER）。然而在实际应用中，如果要处理的图像比较大，就会出现均方误差在前几次迭代中迅速减小，但在后面的迭代中减小得非常缓慢，需要大量迭代才可以收敛。

1981年，杨国桢和顾本源提出任意线性变换系统中振幅-相位恢复的理论和算法，即杨-顾算法，相对于GS算法具有更好的适用性，解决了GS算法容易出现收敛停滞的问题。

1982年，Fienup等在GS算法的基础上进行了改进，扩展了GS算法的形式，在迭代过程中引入了支撑域约束，提出了混合输入输出算法（Hybrid Input-output Algorithm，HIO）。HIO算法给物面也就是输入面光场函数加入了负反馈，不但在收敛速度上比GS算法提高很多，而且能取得显著的收敛效果，在针对实值非负物体的相位复原中有广泛应用。

此后，Millane和Stroud提出了广义混合输入输出算法（Generalized HIO Algorithm，即GHIO）。GHIO对光场幅值的约束条件没有HIO那么苛刻，为解决实际应用中的欠采样、输入面光瞳函数未知和大像差等问题提供了有效途径。该算法在晶体结构的X射线成像研究方面有重要价值。

对于HIO来说，在逐次迭代的过程当中，随着迭代次数的增加，在给定像素值的情况下，有轻微的振荡。这个振荡的原因是输入图像不是前一次输出图像的连续函数。J.R.Fienup猜想这种趋势与下一次迭代中输入图像是输出图像的不连续函数有关，并于2003年提出HIO算法的连续版本（Continuous Version of HIO，CHIO）。

除了基于迭代的相位恢复算法，Roddier F和Roddier C提出了非迭代的定量相位恢复方法强度传输方程法（Transport of Intensity Equation，TIE）。TIE是一种确定性相位求解方法，通过解二维Poisson方程来求解相位。相比于迭代法的不确定性以及收敛可能陷入停滞等缺点，TIE拥有更好的确定性，比迭代法抗噪性能强。

目前，我们缺的不是相位恢复算法，而是数学模型！

6. 相关

首先来看看卷积的定义：$R_{xy}(t)=\int_{-\infty}^{+\infty}x(\tau)y(t-\tau)\mathrm{d}\tau$，而相关函数（又称关联函数、互相关函数）的定义则为：$R_{xy}(\tau)=\int_{-\infty}^{+\infty}x(t)y(t+\tau)\mathrm{d}t$，又可以写作$<x,y>$，其实可以认为是$x(t)$与$y(-t)$做卷积。

自相关函数定义为：$R_{xx}(\tau)=\int_{-\infty}^{+\infty}x(t)x(t+\tau)\mathrm{d}t$。

互相关的典型应用是光声成像，其原理是用一个函数（如Chirp函数）调制光信号，然后用声探测接收到信号，两个信号做互相关，就可以得到该点的响应，经过多次扫描，就可以实现光声成像。

自相关最典型的应用是散射成像，在"散射成像：又爱又恨的散射"中已有详述。

下面简单分析一下神秘的量子成像吧。

在传统光学中，用复函数来描述光场，不同空间的光场关联可以利用光场的**空间关联函数**$G^{(M,N)}(x_1, x_2, \cdots, x_M; y_1, y_2, \cdots, y_N)$描述：

$$G^{(M,N)}(x_1, x_2, \cdots, x_M; y_1, y_2, \cdots, y_N)$$
$$=<V^*(x_1)V^*(x_2)\cdots V^*(x_M)V^*(y_1)V^*(y_2)\cdots V^*(y_N)>$$

式中，$V(x_i)$、$V(y_j)$都是复随机变量。

对于服从圆高斯分布的光场复振幅，其满足高斯矩定理，可用公式表示：

$$G^{(M,N)}(x_1, x_2, \cdots, x_M; y_1, y_2, \cdots, y_N)=0, \; M \neq N$$

$$G^{(M,N)}(x_1, x_2, \cdots, x_M; y_1, y_2, \cdots, y_N)$$

$$=\sum_{\pi} \Gamma^{(1,1)}(x_1, y_{j1}) \Gamma^{(1,1)}(x_2, y_{j2}) \cdots \Gamma^{(1,1)}(x_M, y_{jM}), \; M = N$$

式中，$\sum_{\pi}$ 表示对所有 $M!$ 种排列 $(j_1, j_2, \cdots, j_M)$ 求和。

对应的情况，可以得到二阶关联：

$$G^{(2,2)}(x_1, x_2; x_3, x_4)=G^{(1,1)}(x_1, x_3) G^{(1,1)}(x_2, x_4)+G^{(1,1)}(x_1, x_4)G^{(1,1)}(x_2, x_3)$$

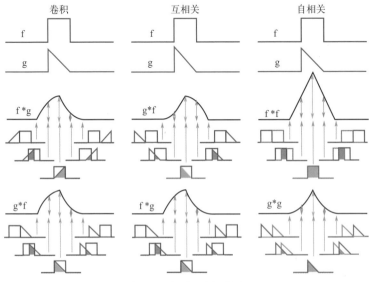

▲卷积、互相关和自相关过程

通过对光场强度涨落进行关联运算所获得的成像，被称为"关联成像"（也称为"关联光学""符合成像"或"量子成像"）。

（1）热关联成像系统（二阶关联）

几何光学成像是基于物像之间点对点的对应关系成像，而关联成像

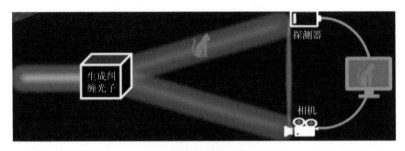

▲关联成像原理示意图

（"鬼成像"）则完全不同：光源发出的光（纠缠光、热光、赝热光等）被分成两路：一路为信号光，到达一个没有成像功能的桶探测器（光电二极管、面阵CCD/CMOS等）；另一路为参考光，到达可用于成像的面阵探测器，但其光路上没有任何物的信息。

　　神奇之处在于两路信号都无法单独得到物体的信息，只有两者做关联时才可以复现物体的像（"鬼像"）。

▲复现的"鬼像"

（2）高阶相关成像

　　由于二阶关联成像不可避免地存在背景项，从而使关联成像的可见度低。近年来，为了提高关联成像的可见度，人们提出了高阶关联成像的想法。以高阶无透镜傅里叶变换关联成像为例分析：高阶关联成像中参考臂的扫描探测器必须同步移动才可以实现成像，区别是高阶无透镜傅里叶变换关联成像是在将扫描探测器测量到的光强进行 n 次方后再参与关联计算。

　　一阶是场的关联，二阶是强度关联，更高阶应该可以得到更高分辨率。但是，我们现在看到的量子成像，又称之为"鬼成像"，很多人不解地问：鬼成像是不是因为成出来的像就是黑白二值、看起来像鬼的样子，才叫鬼成像？其实鬼成像的名字来自大名鼎鼎的爱因斯坦，这些在后面的篇章里再做详细论述。目前，我们的关联成像还处在第一阶段的研究，还没有与其他方法结合，也没有更进一步的理论来完善，所以结果并不能令人满意。如果我们换一个思路，把量子成像的思想加入到成像模型中，那是不是就会有新的天地？这些都需要我们来进一步开拓了。

7. 尾声

　　大师见八戒面色越来越凝重，说道："数学是博大精深的，是永远都学不完的；数学是强大的，潜力是永远挖不完的！今天，我在这里讲的，仅仅是我们常见的一些数学问题，是为了避免跳入陷阱，也为开拓思路。这里，我更强调的是开拓思路。很多人心存执念，却也不想读书，老是想着能顿悟，其实这些都是执念。多看看书，尤其是跨学科方法、跨界的书更要读。当然了，数学确实很难，你可以不懂，但你需要有这种数学思维，提出问题，然后找数学家一起解决。你也应该知道，跟数学家打交道是需要下点功夫的，别给他们扯什么物理概念，能不提衍射就不提衍射，你需要让他们听明白你的问题是什么，否则，不在一个频道上说话，很难沟通的。你看看数学家瑛姑成天捣鼓她的那个九张机、玩她那个矩阵魔方不能自拔，你要敢跟她说全息成像，她会拿七绝针扎你！"

大师轻叹一声，说："八戒，当年为师留学时，略有小悟。今日传授于你，希望你能够融会贯通。你听说没？五岳学院的领军人物岳不群最近风生水起，据说真能把五岳派的各种编码技术交融到一起，超分辨率成像技术炉火纯青，"大师瞥了八戒一眼，说："你……还是学多少算多少吧！"

计算成像的编码，
该怎么编

丁春秋副校长最近很是得意，他的编码化功大法发了顶级期刊，他还收了一个新学生——小机灵鬼阿紫，这个丫头既听话，又特别聪明，编码化功大法领悟得比大师兄摘星子还快，频频在学术会议上做报告，有人说她深得编码化功大法的精髓，横行计算成像江湖指日可待。

也有人不服气，认为这门编码功夫有些邪气，有时候特别管用，成像质量特别高，但有的时候却什么也重建不出来。岳不群院长说阿紫出身信号处理，不懂光学，做什么计算成像？她懂什么编码？隔壁研究所新引进的大千鸠摩智研究员更是对阿紫一百个瞧不上，却让徒弟去偷阿紫的代码。

乔峰和玄慈大师论起编码之事时，大师说："人有正邪之分，编码不分正邪。只是有的人急于求成，基本功不扎实，还经常把各种编码方法汇在一起，才会出现编码普适性不好的问题。这都是基础不牢造成的！编码数理基础是多年来编码高手的心血之作，可惜，很多人觉得难，不愿深耕。当然，各类号称编码大师的责任更大，门派林立，不开放，生怕别人偷学。

"编码虽不分正邪，却有狭义和广义之分。"大师喝了口茶，接着说，"目前，大多数说的是狭义的编码，比如时间编码、空间编码、相位编码，这类编码多是主动设计的，称为**主动编码**；其实像大气、水等介质对成像的作用，也可以理解为编码，只是这些编码被认为是不好的，被动引入的，我们称其为**被动编码**。"

说到这儿，大师问："乔施主，你觉得主动编码好还是被动编码好呢？"乔峰答："江湖上流行的都是主动编码，无人谈及被动编码，好似就不存在这样的事。我倒认为，被动编码既然存在，并且当下我们只看到它的坏处，想必要使被动编码有好处太难，功力浅者尚认识不到。但也许你舍去的，恰是我需要的，研究被动编码或许能够启迪我们怎么做好主动编码。"玄慈大师赞叹："乔施主果然大家风范，高见，高见！"

下面，我们就来看看编码到底是什么？为什么要编码？编码的形式有哪些？我们该怎么编码？

1. 编码到底是什么

计算光学成像是下一代光电成像技术，是光电成像技术步入信息时代的必然产物，其本质是光场信息的获取和解译，是在几何光学成像的基础上有机引入物理光学信息，以信息传递为准则，通过信息解译获取更高维度的信息。

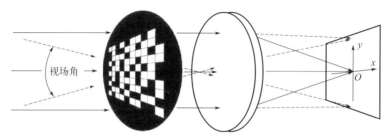

视场角

▲孙懿等针对掩模成像系统设计所提出的一种编码掩模
光学成像系统的建模方法[1]

从计算光学的定义来看，计算光学可以理解为**信息编码**的光学成像方法，当然，这个编码有狭义和广义之分。狭义的编码就是目前计算成像中普遍采用的数字化编码技术，经常是线性的；而在广义上，可以认为**所有的数学变换都是编码**，这种编码既可以是线性的，也可以是非线性的。编码是为了调制光场，是计算成像大师手中的魔法棒。

那么，如果说光场是计算光学的灵魂，编码就是灵魂的魔法师。

我们对编码做一个简单的分类。

首先，从编码实现方式上来看，编码可以是**软编码**，即采用代码方式实现；也可以是**硬编码**，即将编码固化为光学元件。说到这里，聪明的你自然还会想到**可编程编码**。

然后，从成像链路上看，几乎在链路中的任何位置都可以引入编码，典型的有编码照明（结构光、自愈合光束、傅里叶叠层成像）、编码介质（水、大气）、编码光学元件（编码孔径、编码快门、编码相位板）、编码探测器（偏振探测器、光谱探测器）等。

还可以按是否线性分类：线性编码和非线性编码；按编码的复杂度分类：简单编码（时间编码、强度编码）和复杂编码（散射介质编码）；从维度上分类：时间编码、空间编码、强度编码、相位编码、偏振编码、光谱编码和复合编码等；从主被动方面分类：主动编码和被动编码（主要是介质和与材料、工艺相关的）。

很显然，编码的分类不重要，重要的是在什么地方、采用什么样的编码、达到什么样的目的。那么，我们再简单回顾下编码成像的历史。

最早的编码成像应该是孔径编码成像，其思想源于小孔成像。小孔成像最大的问题是通光量，而成像分辨率却与小孔的尺寸关系极大。一般而言，小孔越小，成像分辨率越高，但带来的问题是能量太弱，需要长时间曝光。小孔的尺寸太小时会出现衍射效应，导致无法成像。那么，两个小孔成像如何？多个小孔成像又如何？增加了小孔的数量，无疑能够解决通光量的问题，但带来的新问题是像的混叠。

是否可以从混叠中的像解译出目标？当然可以，线性卷积就给我们带来了解决方案。

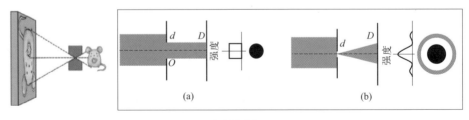

▲小孔成像

编码孔径（Coded Aperture）的提出是为了在不牺牲分辨率的情况下增加光学系统的通光量。20世纪50年代中期，法国科学家马尔夏首先提出编码孔径技术，该技术最大的特点是通过调整孔径来改变光瞳函数，实现对光瞳函数的编码。编码孔径技术是在传统的光学孔径中插入一个具有特定结构的掩模板，能够克服传统成像系统的缺陷，得到更好的应用。

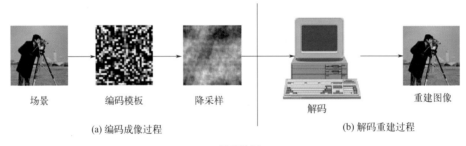

| 场景 | 编码模板 | 降采样 | 解码 | 重建图像 |

(a) 编码成像过程 　　　　　　　　　　　(b) 解码重建过程

▲编码孔径

2006年，MIT的Ramesh Raskar教授将编码孔径带入了计算成像领域，以解决全景深的问题，在前文已有论述。既然能够在空间域中编码，自然就可以在时间域编码，于是，我们就看到了Ramesh教授关于编码曝光以解决运动模糊的设计，亦在前文做了论述。

2. 为什么要编码？我们该怎么编码

为什么要编码？答案很简单，编码能给我们带来好处。有哪些好处呢？

首先，我们从上述的分析可以得出一个结论：**编码的本质其实就是数学**

变换在成像中的物理表现形式，不同的编码完成不同的功能，实现不同的目的。也就是说，成像模型中的数学变换需要用物理手段来实现，比如：压缩编码孔径成像的编码需要的是随机编码形式，需要满足压缩感知的RIP（Restricted Isometry Property，约束等距性）约束条件，在具体成像实现中，可采用在孔径挡板上做0和1打孔的矩阵编码方法，当然也可以采用反射DMD做伪随机的编码方法。

严格地讲，压缩编码孔径成像的测量矩阵是随机的，且每次都是随机的，可惜的是这样做会带来两个问题：

① 压缩感知告诉我们当采用随机测量矩阵时，该理论能够最大概率地恢复信号，也就是说总有那么几次对信号的恢复并不好。这是一种乐观的理论，在工程应用中存在很大的挑战。

② 没有真正的随机编码，即使是伪随机码，在工程上也存在很大的难度，加工成本高，控制困难。取巧的方法是加工一个固定的、看起来像是随机的编码（其实是某次随机编码的样本），取代随机编码。这样做的好处是工程代价小，实现容易，但不再严格满足压缩感知的理论约束条件，尽管每次好像都能够得到看起来差不多"满意"的结果。其实这容易理解，成像是要重建的图像，只要不比预想的效果差太多，人的眼睛似乎都具有很高的容忍度。这里还要提一句：压缩感知的本质是解 $Ax=b$ 这样的线性方程组，处理的对象是向量，不是矩阵；而图像是矩阵，解决的办法是将矩阵"拉直"，变成向量。

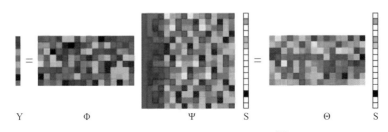

Y   Φ   Ψ   S   Θ   S

▲压缩编码孔径红外成像超分辨重建[37]

这样做，对吗？开篇中，我们曾讲过光电成像是朝着"更高、更远、更广、更小、更强"的目标发展，编码当然要紧紧围绕这样的目标去做。比如：面向更高分辨率，有压缩编码孔径成像、编码照明、编码探测器等；面向更小的体积，有超构表面编码、镜面编码等；面向更强的环境适应能力，有生物医学成像的照明编码、恶劣环境下的偏振成像等；当然还有解决景深问题的编码孔径成像和相位板编码成像等。

下面来看一些具体的编码成像案例。

（1）对焦，望远镜"永远"的痛

"快快快，卫星马上过顶了，赶快拍下来！"队长命令道。旁边的操作人员急得满身大汗："对不上焦啊！"

对焦的行程长，"拉风箱"现象严重。对焦几乎成了长焦距望远镜"永远"的痛。怎么解决对焦的问题？如果景深足够深，那么是不是对焦就能变得容易了？通过前面的讲述，我们知道：焦距越长，景深越浅！那能不能延拓一下景深呢？传统的方法肯定不行，但计算成像中，很多研究者发现：如果采用波前编码的三次相位编码方法，在数学表达式中能明确看到景深延拓的效果。于是，很多研究者就开始了拓展景深的研究工作，发表了很多论文。但是，相位编码成像技术的应用却鲜少看到。

既然有这么好的东西，为什么不用呢？不用一定有不用的道理，我们后文再来分析。

（2）频域编码：可编程孔径像素超分辨率成像

频域编码成像是根据空域中记录的光强信息和频域中某种固定的映射关系，通过在频域改变系统的光瞳函数，拍摄得到一系列像素级光强变化的图像，再根据其中的映射关系进行交替迭代更新重构，实现"亚像元"超分辨率成像[38]。随着散射成像技术的发展，很多人发现毛玻璃是一种很好的频域编码形式，也可以用于超分辨率成像。

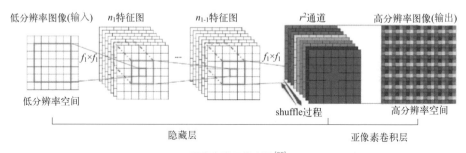

▲亚像素卷积的方法[38]

（3）编码的探测器

最常见的探测器编码其实是Bayer滤片式的彩色CCD/CMOS，之后又有了高动态范围成像的编码传感器，自然，偏振探测器也可以认为是一种编码探测器。现在很多研究者纷纷在探测器上做量子点薄膜探测器，将偏振、光谱等能加上的都加上，就一个字——"乱"！应该说，大家在探测器上玩的花样已经很多了，但计算探测器却千呼万唤不出来，后文我会专门讲解这个问题。

编码可以说是计算成像最早出现的形式，以颠覆物像共轭的身姿出现在人们面前，使人眼前一亮，打开了计算成像的一扇门。但是，随着编码成像技术的发展，经常会出现"卖家秀"与"买家秀"对决的场景，卖瓜的一直夸自己的瓜甜，可是买家却不敢轻易下手。为什么？我们来分析一下编码的数学模型基础是什么。目前，我们看到的所有编码算法几乎都是建立在线性卷积模型的基础上的，线性模型这一约束就限定了编码的应用。所谓编码，表面上是扩散函数PSF的设计，本质上是对光场的调制，调制的维度可以是时间、空间、频率、物理维度等。但是，线性模型和冯·诺依曼原理架构的计算机系统会影响编码的质量。

那么，我们该怎么去评价编码？

3. 如何评价编码

我们还是来看一看波前编码的三次相位板拓展景深的例子吧。关于这方面的论文，包括博士论文，一大堆，说了很多拓展景深的好处，甚至说某某公司研制了相位景深扩展的显微镜，等等，但是那个DeepView不是这个三次相位板。DeepView其实是一个关于景深拓展的框架，很多技术都可以实现拓展景深，目前，我们看到的显微镜多是采用图像堆栈技术实现的，关于波前编码技术，在尼康、蔡司等公司的产品中没有见到。

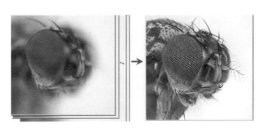

▲景深堆栈合成示意图

三次相位板的表现到底如何？

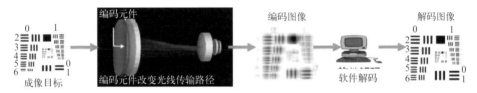

▲波前编码成像

首先，还是看看景深延拓的情况[39]，从下图中，确实可以看到景深延拓的效果还是很明显的，无论是从曲线还是实际仿真、实验的结果，似乎还是看到了什么。但是，好像有点不太对劲。

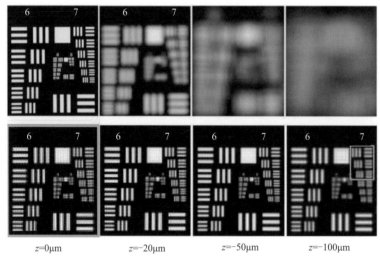

| z=0μm | z=-20μm | z=-50μm | z=-100μm |

▲景深延拓[39]

对比一下加相位板前后的MTF曲线，看起来是不是很残酷？对，加了相位板之后，MTF下降得很厉害，可以用一个"惨"字来描述。

这是为什么呢？因为现在大部分编码技术都是在光学系统优化后的基础上硬性地引入，也就是说，原先的光学系统本身已经优化得很好了，而这个相位板却很不合时宜地"暴力"介入，导致之前的优化失衡，效果变得很糟！

那到底该怎么编码？该怎么评价编码？

计算成像是建立在全局优化的基础上的，与传统的成像各个局部优化完全不同。编码作为计算成像重要的角色出现，自然要考虑全局优化。编码的本质是对光场的调制，通过编码手段调制光场，使得光场在某些投影维度上具有更好的数理特征。这句话似乎在告诉我们编码的目的和评价准则，看起来很简单，实际上却很抽象，实践起来也很难。之所以出现这些问题，原因是我们还没有合适的非线性模型描述成像，评价体系也没有建立起来。前面的文章里已经讲过，计算成像是以信息为传递的，评价编码，自然要看传递的信息量到底有多少。

在《光场：计算光学的灵魂》一章中，重点强调了光场才是计算光学成像最本质的东西；但是，目前为止，我们甚至很难准确地描述或记录一个小球在空中运动时"全"光场的分布，尽管这实际上是一个非常简单的场景。

当我们往平静的湖中扔进一颗石子时，能够清晰地看到水波的变化情

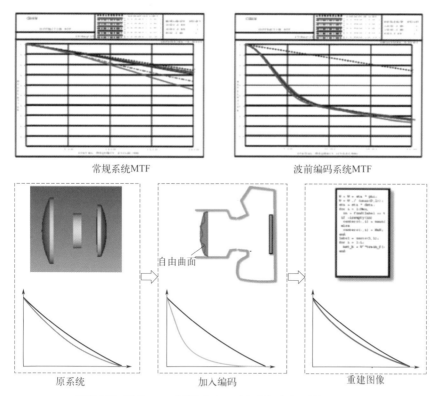

常规系统MTF · · · · · 波前编码系统MTF

自由曲面

原系统 · · · · · 加入编码 · · · · · 重建图像

▲常规光学系统的MTF曲线与加入三次相位板光学系统的MTF曲线

况；一个小球在空中的运动与此类似，比如会打破原先"平静"的光场，但光场发生了什么样的变化，却与很多因素有关：小球的材质、尺寸、运动速度、初始位置等都会带来光场的不同变化。同时，我们也要考虑，成像的目的是什么：更高分辨率、三维运动状态还是目标检测识别？

很显然，不同的目的，需要捕获的光场信息也随之发生变化。从编码的角度来看，那就是看不同的编码方法下光场在这些目的维度上的投影显著性如何。很显然，显著性越好，编码便越优。这些，其实都需要数学和物理的支撑。

4. 编码的未来如何

广义上的编码实际上就代表了计算成像，即表示什么都是编码。比如，近年来流行的超构表面和各类微纳光学元件，实际上都是光学编码。这些编码为计算光学带来了勃勃生机，现在很多看起来"革命性"的工作本质上都是编码。但正如上文所述，既然这么好，为什么还没有大量应用呢？其实有很复杂的原因，技术是需要一步步推进的，尤其是需要付出很多艰辛的努力才能得到认可。对于科研人员来讲，既要乐观地看到技术的前沿性，也要冷静地面对应用现实的残酷性。

对于编码而言，最核心的问题其实还是光场，全光场函数在应用上没有用，况且也没有真正意义上能够写得明明白白的全光场函数，都是抽象的表达。这里有很多硬骨头要啃，典型的就是非线性的成像模型，还有编码的维度问题。我们看到的编码技术层出不穷，但从本质上来讲，都是数学变换，而这些变换影响到哪些维度，尤其是放在成像的全链路中，怎么能够保证信息经过投影后的最大化，这些都是需要研究的重点内容。

还需要注意的是，现在我们采用的编码多是将数学变换转化为"物理"的硬编码，这个过程中，依然会存在因为数学到物理变换的近似约束而导致信息丢失问题，同样也会引入因为"物理"刻划等引起的噪声。这些问题在上一章《计算光学成像中的数学问题思考》中已有论述。

"谁掌握了编码，谁就掌握了计算成像！"丁春秋副校长发了顶级期刊后的豪言是对的。为了维护在这个江湖中的地位，他也严格防范着鸠摩智，听说这个家伙要发一颗编码超分辨成像的卫星，于是就给他寄了一份象征友谊坚如磐石的"贵重礼物"。

幸好丁副校长的学生，阿紫姑娘最近的编码功力大增，威力很强，据说"对焦、分辨率、光谱"，统统都能解决，但是有一点阿紫的师弟们都知道，大师姐的功力不能脱离那个"神木王鼎"相机，而且需要支撑的数据集也邪乎，一般人拿不到，于是就有了鸠摩智指使徒弟窃取阿紫的数据集一事。

得知江湖纷争，玄慈大师感叹道："阿紫姑娘在编码方面有天赋，但她的师傅丁春秋不太重视基础，尤其是数学基础不牢，取巧太多，必入歧途。可惜，可惜！江湖中，人人皆道易筋经为编码之秘籍，天下人都想独有。其实他们不懂，那就是数学。

"而且，物理同样重要，有人学了几天物理，好像自己就了不得，恨不得把标签贴在脸上，其实都是皮毛，也不会灵活应用。鸠摩智不但数学好，物理也好，而且能融会贯通，确是编码奇才，高被引论文一篇又一篇。我读了这些文章，确实有好的想法，但还是在追热点。一会儿压缩感知，一会儿深度学习，现在又开始做脑科学……"

偏振

为什么能三维成像

随着机器视觉、VR/AR、元宇宙技术的发展，三维成像与显示越来越受到重视。目前，三维成像的技术有很多，从诺贝尔物理学奖获得者Gabor提出的全息成像，到双目立体视觉、结构光三维成像、激光雷达三维成像和偏振三维成像，经历了半个多世纪。

▲元宇宙效果图

严格地讲，真正的三维成像只有全息成像技术，我们可以从不同角度看到物体的三维形貌，而其他所谓的三维成像应该是三维形貌重建，不能满足大范围、多角度地观看。因为已经叫习惯了，学术界也慢慢"被迫"接受了这种叫法，因此，在本章中，我们都称之为三维成像，不再加以区分。

这些成像技术，除了双目立体视觉和偏振成像属于被动成像技术，不需要主动照明，其他的都是主动成像，需要特殊的主动照明方法。主动照明受制于作用距离和环境条件的限制，很多场景难以应用。被动成像具有隐蔽性好、受外界干扰小的特点，如果还能够实现远距离、高分辨率的成像，那无疑是最好的选择，应用范围更广，具有更好的前景。

建立在几何光学基础上的光学成像技术，在成像过程中，将三维的空间映射到了一个平面上，自然丢失了z轴方向上的距离（深度）信息。那么，三维成像要找到那个丢失的维度，自然要付出代价。我们就来先看看寻找另一个维度的代价吧。

1. 寻找另一个维度的代价

Radar是雷达Radio Detection and Ranging的缩写，最后的那个单词Ranging告诉我们，这个远距离探测、成像技术可以获得距离，因此，可以用来测距和定位，并且雷达波（微波）具有远距离传输特点，可以实现非常远距离的探测。如果把微波替换成光波，由Radar变成Lidar（Light Detection and Ranging），就是我们常说的激光雷达，岂不是很好？

当然好，只是并不一定很好，原因是激光雷达的空间分辨率还比较低，多受制于扫描机制，远距离也难以实现。当然，远距离受制最主要的原因是光波传播特性跟雷达波相比太差了，而且极易受到天气和环境因素的影响，怕雨、怕雾、怕霾，还怕云和烟尘，感觉就像患了严重关节炎的病人，一旦遇到了天气变坏，关节就敏感地"寻死觅活"。

其实，影响激光雷达应用的还有两个很重要的原因：一是价格太高，很多用户用不起；二是相干探测的特点，很容易受到外界的干扰，强光就是它不共戴天的仇敌，多个同波段的激光雷达同时同地工作，结果可想而知。

▲有"鬼影"的异常激光雷达点云图

光电成像必然走向三维，尽管寻找失去的那个维度需要付出代价，但科学家从来没有停止过探索。目前，三维成像的方法主要有双目立体视觉、全息三维成像、结构光三维成像、散射三维成像和偏振三维成像等，双目立体视觉是建立在几何光学的基础上的，而其他方面的模型是物理光学。下面，我们来一一分析。

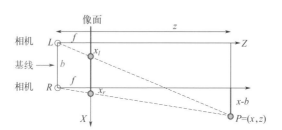

▲理想双目相机成像模型（y 轴垂直于该平面）

（1）双目立体视觉

人类的双目视觉是天生的三维立体成像典范。人以左右眼看同一对象，由于两眼所见角度不同，在视网膜上形成的像并不完全相同，当这两个像经过**大脑综合**以后就能区分物体的前后、远近关系，从而产生立体视觉。注意，是**经过大脑综合后形成立体视觉**，这就是说，双目立体视觉是经过"计算"完成的，那么，在数学上，该怎么解释？

双目视觉是建立在几何光学基础上的，核心是几何代数运算。假设双目视觉中的左右两个相机位于同一平面（光轴平行），且相机参数（如焦距f）一致。

如下图所示，根据**三角形相似定律**：

$$\frac{z}{f} = \frac{y}{y_l} = \frac{y}{y_r} = \frac{x}{x_l} = \frac{x-b}{x_r}$$

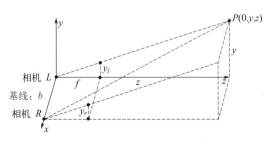

▲y方向高度点一致

解方程得：

$$z = \frac{bf}{x_l - x_r} = bf/d$$

$$x = \frac{x_l b}{x_l - x_r} = z\frac{x_r}{f} + b = zx_l/f$$

$$y = \frac{y_r b}{x_l - x_r} = y_l\frac{z}{f} = zy_r/f$$

根据上述推导，空间点P离相机的距离（深度）$z=fb/d$，可以发现，如果计算深度z，必须要知道：

① 相机焦距f，左右相机基线b。这些参数可以通过先验信息或者相机标定得到。

② 视差d。需要知道左相机的每个像素点(x_l, y_l)和右相机中对应点(x_r, y_r)的对应关系。

这是双目视觉的核心数学问题，纯粹的几何光学，正是如此，双目视觉的深度分辨率必然不会高，尤其是远距离的情况，我们完全可以从深度的公式分析出来。

（2）全息三维成像

全息三维成像通过将含有目标信息的物光波与无目标信息的参考光波进

行干涉，得到干涉全息图。通过对全息图的再现，获取物光波中携带的相位信息，最后通过相位与目标深度之间的关系，得到目标三维图像。全息技术将目标相位信息通过干涉条纹记录下来，在获取强度信息的同时，得到物光相位信息。在全息三维成像中，物光和参考光分别表示为：

$$O(x, y)=|O(x, y)|\exp[j\varphi(x, y)]$$
$$R(x, y)=|R(x, y)|\exp[i\psi(x, y)]$$

其中，$\varphi(x, y)$ 为经目标物体调制后的相位项，包含了目标的三维信息。当对记录得到的全息图进行重建后，此时的光场复振幅分布可近似表示为：

$$u(x, y)=R(x, y)|O(x, y)|^2+R(x, y)|R(x, y)|^2+|R(x, y)|^2O^*(x, y)+|R(x, y)|^2O(x, y)$$

上式中第三、四项分别包含了原始物光波的复振幅分布及其共轭复振幅分布。通过在空间中对再现像和共轭像进行分离，获取原始物光波的复振幅分布。

（3）结构光三维成像

另一种利用载波条纹实现三维成像的技术是结构光三维成像。结构光三维成像与全息技术类似，也是对条纹进行解译。不同点是全息技术是对干涉条纹进行解译，结构光三维成像是对经目标表面调制的投影条纹的解译。结构光三维成像将生成的正弦条纹投影到待测目标表面，通过记录并解调经目标表面调制后的正弦条纹，获取目标在不同空间位置的相位分布，最后根据

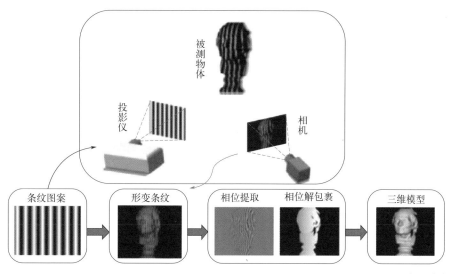

▲针对系统标定，殷永凯、张宗华等根据全息三维成像模型总结了评估系统精度的方法和依据[40]

相位与高度之间的关系实现目标三维信息的获取。投影到目标表面的正弦条纹可以表示为：

$$I_k(x, y) = a(x, y) + b(x, y)\cos[\phi(x, y) + 2\pi(k-1)/3]$$

式中，a 为背景光强；b 为相机拍摄条纹的调制量；$\phi(x,y)$ 为受物体高度调制后的相位。通过多组条纹投影，可通过联立方程组实现相位信息的解译。

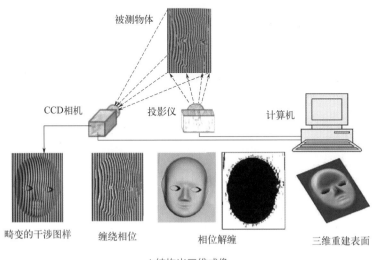

被测物体

CCD相机　　　投影仪　　　　　计算机

畸变的干涉图样　　缠绕相位　　　相位解缠　　　三维重建表面

▲结构光三维成像

（4）散射三维成像

除了上述介绍的两种方法外，利用散射介质也能够实现目标的三维成像。由于散射介质的随机特性，不同深度目标点间的PSF互不相同。因此，目标的三维信息通过散射介质被编码到散斑中，通过对不同目标物形成的散斑图进行反卷积重建就能实现三维物体在不同深度下信息的恢复，此时，目标的三维分布可以表示为[41]：

$$\hat{\boldsymbol{v}} = \underset{v \geqslant 0}{\arg\min} \frac{1}{2}||\boldsymbol{b} - \boldsymbol{H}\boldsymbol{v}||_2^2 + \tau||\boldsymbol{\Psi}\boldsymbol{v}||_1$$

本质上，散射三维成像技术属于结构光三维成像，只是这个结构光具有特殊性，因为散射成像这几年大火，散射本身也具有特殊性，所以单独列出来。前文《散射成像：又爱又恨的散射》中有详细的论述。

三维成像的手段有很多，但被动、单相机能实现三维成像的目前只有神经

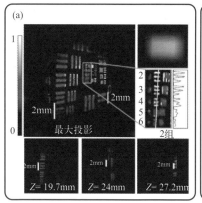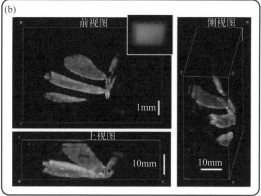

▲ 应用二维信息对三维目标实现重建[41]

网络和偏振成像的方法，而神经网络是一种估计、强统计方法，准确性受训练样本影响大，那偏振为什么能三维成像呢？本章将从偏振度和偏振角到物体表面法线讲起，剖析偏振三维成像的机理，分析影响偏振三维成像精度的因素，从原理到应用，展开深度分析。

2. 偏振三维成像的原理

偏振为何能够实现三维成像？ E. Wolf教授提示我们：目标表面反射光的偏振特性与目标表面轮廓特征有直接关系，换句话说，目标表面偏振度、偏振角的变化与表面形貌具有直接的映射关系（当然这是在目标材质相同条件下而言，因为不同材质的偏振度变化明显）。这就是说，如果能得到目标的偏振信息，建立偏振特性与表面轮廓的映射关系，就可以对目标表面进行三维重建。这个描述其实还可以更简化：**只要求解出图像中每个像素的法向量，逐点遍历即可重建出整个三维场景**。这样一来，问题就简单了，法向量就成了偏振三维成像的关键。

接下来，我们按图索骥，看看法向量怎么获取。有两个直接约束法向量的参量，分别是天顶角和方位角，恰好，这两个参量与偏振度和偏振角有直接的映射关系。到这里，我们就豁然开朗了：只要有了偏振度和偏振角信息，就可以实现三维成像了，只需要建立起偏振度和偏振角信息与天顶角和方位角的映射关系。

那如何建立这种映射关系呢？

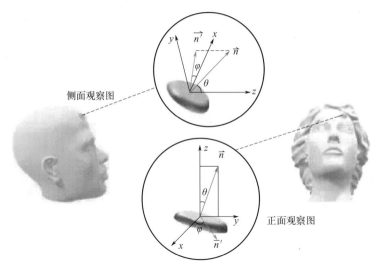

▲三维形貌与物体表面法线映射关系

首先看天顶角 θ 的含义：表征光线从目标表面"出射"时，与该点微面元的夹角。这里用"出射"这个词，其实是包含了反射和折射两种情况，分别对应镜面反射面和漫反射面，也就是光滑表面和粗糙表面。对于不同表面，光波的出射情况不同，对应的菲涅尔公式求解出射角的理论也不同。具体如下式所示：

$$P_r = \left| \frac{R_p - R_s}{R_p + R_s} \right|, \quad P_t = \left| \frac{T_p - T_s}{T_p + T_s} \right|$$

式中，r、t 表示反射和透射；p、s 表示 p 光和 s 光。与天顶角 θ 的关系如下式所示：

$$DoP_r(\boldsymbol{u}) = \frac{\sqrt{\sin^4\theta(\boldsymbol{u})\cos^2\theta(\boldsymbol{u})(n^2 - \sin^2\theta(\boldsymbol{u}))}}{[\sin^4\theta(\boldsymbol{u}) + \cos^2\theta(\boldsymbol{u})(n^2 - \sin^2\theta(\boldsymbol{u}))]/2}$$

$$DoP_t(\boldsymbol{u}) = \frac{\left(n - \dfrac{1}{n}\right)^2 \sin^2\theta(\boldsymbol{u})}{2 + 2n^2 - \left(n + \dfrac{1}{n}\right)^2 \sin^2\theta(\boldsymbol{u}) + 4\cos\theta\sqrt{n^2 - \sin^2\theta(\boldsymbol{u})}}$$

式中，$\boldsymbol{u}$ 表示像素的坐标矩阵。

然后，我们来看方位角 φ，它代表法向量在探测器平面上的投影与水平方向的夹角，也就是出射光波振动方向与水平方向的夹角。对于偏振而言，

透过偏振片后强度最大的位置，就是光波振动的方向，因此通过旋转一周偏振片找到强度最大的位置，就是我们要求的方位角 φ。

$$I(\boldsymbol{u}) = \frac{I_{\max}(\boldsymbol{u}) + I_{\min}(\boldsymbol{u})}{2} + \frac{I_{\max}(\boldsymbol{u}) - I_{\min}(\boldsymbol{u})}{2}\cos(2v_j - 2\phi(\boldsymbol{u}))$$

式中，$I_{\max}(\boldsymbol{u})$ 和 $I_{\min}(\boldsymbol{u})$ 分别表示线性偏振滤光片在旋转一周中的光强度最大值和最小值；$\phi(\boldsymbol{u})$ 是探测器所接收到的光强曲线的初始相位角；v_j 是偏振片不同的旋转角度。

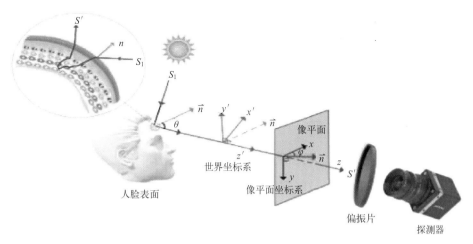

▲天顶角、方位角和法向量的关系

只要有了天顶角和方位角信息之后，就能得到法线信息，就可以重建出三维形貌。在求解得到天顶角和方位角之后，利用下式，将目标各点的法向量进行求解，值得注意的是，因为已知量不足，这里的法向量都是归一化后的"相对"值。

$$\vec{n} = \begin{bmatrix} n_x \\ n_y \\ n_z \end{bmatrix} = \begin{bmatrix} \cos\theta\cos\varphi \\ \cos\theta\sin\varphi \\ \sin\theta \end{bmatrix} = \begin{bmatrix} \tan\theta\cos\varphi \\ \tan\theta\sin\varphi \\ 1 \end{bmatrix}$$

当获取每个点的法向量信息后，其实就与传统方法中获取到的点云数据类似了，对于检测、识别等任务已然能够满足要求。如果需要进一步地较好展示，以及需要利用面型进行进一步的处理，则仅需对法向量信息进行积分即可。积分的方法很多，有全局积分、局部积分等，根据任务和目标不同可以选择最合适的方法。

3. 偏振成像系统与偏振三维成像卫星载荷

（1）偏振成像系统

偏振光学成像系统主要分为：旋转偏振成像系统、多孔径偏振成像系统、分孔径成像系统、分振幅偏振成像系统和分焦平面偏振成像系统。

早期的偏振成像主要为**旋转偏振成像系统**，通过旋转偏振片在不同的角度依次获取不同偏振状态的图像。这种成像系统具有结构简单、体积小和成本低的优势，但缺点在于实时性较差且旋转偏振片容易振动造成误差。

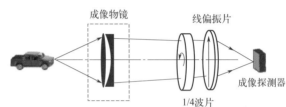

▲旋转偏振成像系统

多孔径偏振成像系统通常由多个成像光学系统及探测器构成，通常采用四个单独的光学成像系统和独立的探测器获取不同方向的Stokes矢量。该成像系统具有实时成像和高分辨率的成像优势，但其造价较高，是单一光学系统的四倍，光学元件多，装配难度大，且存在亚像素位移时较难配准。

分孔径成像系统由四个偏心子系统组成，通过在孔径光阑处分别将子系统光轴与中心轴偏心将整个光学系统分成四个成像通道。这四个通道通过共用共孔径成像组镜头但放置状态不同的偏振元件以获取Stokes四个分量图。分孔径成像系统重量低且能够同时获取不同角度的偏振图像，但是对不同距离目标成像时需要重新配准，空间分辨率较低。

分振幅偏振成像系统则利用分束光学器件结合成像透镜及多个成像探测器组成多个通道，在每个通道中放置不同的偏振分析仪以获取目标Stokes分量图。该偏振成像系统具有高分辨率和实时成像的优势，缺点在于光学元件多、体积大、装配难度高和光能利用率低。

分焦平面探测器是指光电探测器和微偏振阵列的集成成像元件。微偏振阵列由几个不同偏振角的像素化偏振器组成，以便分解入射光场，从而能够每帧记录前三个或四个Stokes参数。分焦平面探测器尽管相比前面所述的偏振成像系统体积更小、重量更轻，但是其制备工艺的要求极高，且往往需要

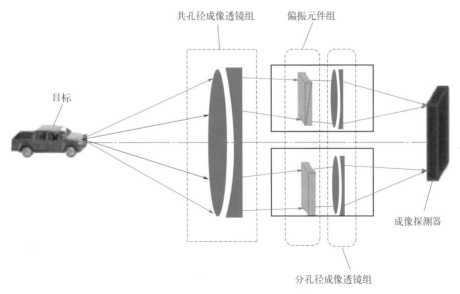

共孔径成像透镜组　　偏振元件组

目标

成像探测器

分孔径成像透镜组

▲分孔径成像系统

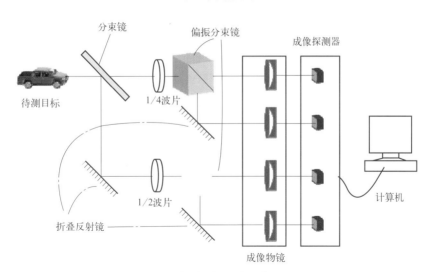

分束镜　　偏振分束镜　　成像探测器

待测目标

1/4波片

1/2波片

折叠反射镜

成像物镜

计算机

▲分振幅偏振成像系统

额外的偏振图像插值重建工作。偏振探测器使得偏振成像技术变得更简单，但会降低分辨率，最主要的是消光比低，Sony的可见光偏振芯片消光比为300∶1，红外芯片更低，只有30∶1，消光比低带来的代价是偏振信息的信噪比低，这需要更好的重建算法。

上述的这些方法各有优缺点，从发展趋势上来看，分焦平面的偏振探测器肯定会是重点，但确实还面临着很多的问题需要解决，在以后的内容里将详细论述。

（2）偏振三维成像卫星载荷

2022年8月9日12时11分，搭载"计算偏振三维成像相机"载荷的东海一号卫星成功发射，这标志着我国首次实现星载对地目标的实时被动三维成像，同时代表着我国计算成像技术在空间领域的科学研究应用取得重要突破！

在现有的技术体系下，从微小卫星载荷搭载的角度上看，选择多孔径偏振成像系统是一种最优的方法，主要是技术成熟度高，偏振片的消光比高，获得的偏振信息具有较高的信噪比，这对后期的三维信息重建非常有帮助，下一章将重点讲述。这种方法的代价是光学系统和探测器都是4套，体积大，重量重，成本高。由于该偏振三维成像载荷的分辨率较低，光学系统体积小，成本不太高，而由这些代价能换得更高精度的偏振信息，从应用上来讲也是值得的。

对于偏振成像而言，其实只需要3个偏振分量就可以了，所以，在本次载荷的设计中采用了0°、45°、90°三个偏振方向和无偏振的全光相机构成。下表是载荷的技术指标。

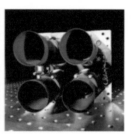

▲偏振三维成像载荷

▼偏振三维载荷技术指标

序号	项目名称	参数
1	谱段	400 ~ 700nm
2	地面分辨率	30.6m@500km
3	成像幅宽	优于60km × 60km@500km
4	量化值（bit）	8bit
5	偏振方向	0°、45°、90°
6	图像传输帧频	0.2fps
7	静态MTF	≥0.12
8	功耗	≤16w

4. 影响偏振三维成像的因素

偏振三维成像技术具有被动式、远距离高精度、实时性等特点，相较于其他三维成像方法在很多应用场景中具有明显优势，尤其是远距离方面，能够单相机拍摄384000km外的月球三维表面，好像只有偏振三维成像能够做到。但是该方法在求解法向量时，结果存在两个随机解，它们相差180°，而只有一个是正确解。因此，如何解决这种解的奇异性问题，是目前偏振三维成像技术在实际应用中存在的最大问题。

高精度偏振三维成像的前提是获取到更高信噪比的偏振度和偏振角信息，而偏振消光比是影响偏振信息的最重要因素。

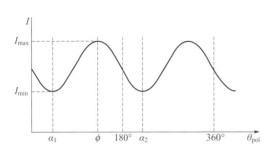

▲探测器获取的偏振子图像随偏振片角度变化关系

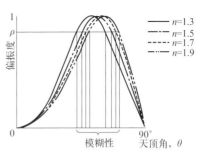

▲不同折射率时偏振度与天顶角对应关系

偏振消光比是沿偏振主态方向分解的两个正交偏振分量之间的比例关系，单位是dB。100∶1意味着20dB，10000∶1意味着40dB。对于起偏器来说，消光比越高，将输入光变为线偏振光的能力就越强。对于光源来说，消光比越高，输出光就会越接近于线偏振光。理论上线偏光的能量完全集中于一个方向上，消光比无穷大；圆偏光的能量平均分布于两正交方向上，消光比为0；椭圆偏振光，消光比介于0和无穷之间。由于各轴上的能量都相等，非偏振光的消光比为0。实际上，40dB消光比已经相当高了，低偏光源的消光比一般小于0.5dB。

我们来看两个数据：Thorlabs公司的偏振片消光比可达10000∶1，而Sony公司的偏振芯片只能做到300∶1。很显然，选用旋转偏振片这种方式可以获得更高信噪比的偏振图像，偏振芯片走向应用，在算法上还有很长的路要走。

接着，我们再来看看影响偏振的因素还有哪些。

环境光干扰是影响偏振三维成像的重要原因之一。自然场景下的偏振三维成像技术由于物体表面漫反射光偏振信息受自然条件下的大气散射光、环境中镜面反射光等复杂环境光的影响，使得混杂后的光同时进入探测器，导致目标漫反射光的弱偏振特性无法有效分离和精确解译。

此外，偏振三维成像方法还基于以下几个假设：

① 相机正投影；

② 光滑（连续）物体；

③ 介电（即非金属）材料；

④ 折射率已知；

⑤ 照明由远处的点源提供；

⑥ 表面无相互反射；

⑦ 目标是已知或均匀反照率；

⑧ 光源和观察方向不同。

在偏振三维成像发展的初级阶段，这些假设条件多多少少都会影响偏振三维成像的发展，当然，这些也是偏振三维成像走向应用面临的挑战，相信不久的将来，这些问题都能一一克服。

很多人问：偏振三维成像的精度能达到多少？这是一个好问题。回答这个问题首先要说明：偏振三维成像获得的表面形貌是相对值，只有知道了确切的距离信息，才能换算成绝对值，而这个确切的距离信息恰恰是被动成像所缺少的。这个距离信息一般可以由相机标定获得，这只限于近距离，也可由双目视觉计算获得，当然，还可以用激光测距雷达等手段给出。在做偏振三维人脸成像实验中，我们对100米外的人脸进行三维重建，精度可以达到毫米级别，即量级。这里特别需要说明的是：这种高精度的结果需要很高的空间分辨率，像素数也要足够高。

另外，偏振三维成像不同于双目视觉，由于只用一个相机就可以实现，不存在视差这样的问题，因此会导致形成的三维形貌只有一个视角方向，这在有些应用场景会受到限制。解决办法当然有：多个偏振相机组合。

5. 更广阔的应用前景

传统的解决方法包括结合Kinect、光度立体视觉、阴影恢复法、数据优化拟合等，在一些特定的目标和场景下能够得到不错的结果。在此基础上，我们针对遥感、室内/外等真实应用场景和目标，研究开发了无标定的多相机拟合、结合深度学习技术、自适应校正等方法，实现对更复杂的实际场景进行高精度重建。目前，已经在对地遥感、室内场景、人脸目标等场景下取得了较好的重建结果。

下面这几幅图分别是我们在实验室和路上拍摄的结果，图（a）、图（d）为彩色图像，图（b）、图（c）、图（e）为深度图像。你看到了什么？

(a)　　　　　　　　　(b)　　　　　　　　　(c)

(d)　　　　　　　　　　　　　　　　(e)

▲偏振三维成像结果

下图是偏振卫星相机拍摄到的地物目标的图像，目标分辨率约为30米，理论重建精度能够达到50～60米。由于是偏振卫星相机的第一次开机，曝光时间还没调整到位，目前高质量偏振图像获取正在进行中，后期偏振重建的三维结果，敬请大家期待。

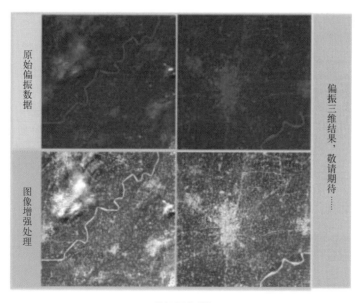

▲偏振图像数据

偏振三维成像给我们带来的启示：在高维度的"空间"中，偏振、相位、光谱等高维度物理量可以向下映射到深度、分辨率、作用距离等信息量中，这个映射关系需要我们去发掘。

　　可以看到，偏振三维成像技术将会在工业检测、航天遥感、测绘、自动驾驶、VR、元宇宙、手机摄影等领域大放光彩，届时，偏振芯片、偏振三维重建算法都会有大发展，迎来偏振三维成像的春天。

再论计算成像

——

应用篇

你现在是如何看待计算成像的？是不是还感觉很陌生？是不是还在质疑计算成像的应用前景？当你掏出手机拍照时，是否想到计算成像已经铺天盖地地走入了你的生活，你享受了它的红利，可能却浑然不觉。

是的，当今时代，智能手机无疑是高科技领域走得最快的，随着华为Mate系列和iPhone最新版本的发布，我们发现：它们的卖点几乎都集中在摄影，甚至淡化了手机的通信功能。此时，还去质疑计算成像的应用，已然不太合适。

▲计算成像的应用推动

面对计算成像的正确态度应该是："未来"已来，计算成像大规模走向应用已是必然。同时，我们也要看到，计算成像的应用序幕才刚刚拉起，前途不可限量，但也充满着挑战，需要靠实力去打动用户，以解决迫切需求驱使产业更新换代，驱动产业革命。这个过程绝对不会是一帆风顺的，需要科学家、企业家和终端用户共同去推动。

本节将从手机摄影、监控、汽车自动驾驶、光学遥感、医学检查与手

▲计算成像的应用领域

术、工业检测和军事应用中的几个典型案例入手，讲述计算成像的应用需求和发展前景。

1. 手机摄影

计算成像技术的大规模应用可以说是从智能手机开始的，智能手机的普及无疑助推了计算成像技术的发展，以至于我们现在很少看到卡片相机的影子，甚至摄影爱好者也"沦为"了手机党。这说明什么问题？

▲卡片机与智能手机

智能手机对摄影的助推作用是巨大的，超过了以往的所有摄影器械。便携的特点，看起来还不错的性能，强大的处理能力，加上高速的移动网络，在随拍随分享的时代，它不火都难。

那下面我们就来看看买家和卖家的观点吧。

对于买家来讲，希望手机能拍出单反的效果：广角拍风景和室内活动、长焦距拍远山和月亮、大光圈拍人像、夜景还要高动态范围、强大的PS功能……总之，**花一个肉夹馍的钱，吃到满汉全席的感觉。**

对于卖家而言，"上帝"永远都是对的。长枪短炮的单反、低调奢华的徕卡，那些看起来不错的效果都是拿银子砸出来的。全画幅的探测器（36mm×24mm、"大底"）、若干单个耗资成千上万的笨重高大镜头、三脚架、滤镜、闪光灯、存储卡，等等，是不是恰好应了"单反穷三代"那句话？作为一个资深的摄影爱好者，我也劝你一句：**再好的器材，也不一定能出好作品！而恰恰相反，手机摄影却能让你实现"返老还童"的梦想。**

对卖家来讲，任何硬件都需要成本，这些硬成本在手机厂商那里几乎能压缩至极限，那么剩下能压缩的就是靠着强大算法和手机处理能力了，此时，计算成像成了手机厂商的首选。

那好，我们来看看手机摄影的硬件条件吧：高密度小像元的"小底"CMOS探测器、模压的塑料光学镜头、狭小的安装空间……那，我们该怎么跟"长枪大炮"的单反比？

"悲观"这个词从来都不在科学家的字典里。我们来看看手机的优势在哪里？对，有强大的CPU和GPU！科学家说：有这些就足够了！因为，我们有强大的算法，加上CMOS的高帧频，当然，还有我们强力的大脑——其实就是适合手机的计算成像方法。

▲手机拍摄月亮效果图

于是乎，我们看到了F#0.95的大光圈，看到了人像模式，看到了手机拍月亮的奇迹，也看到了比单反还绚丽的色彩，更有各种PS滤镜。因为有了手机的强大计算能力，把一个专业摄影师压根看不上的摄像头打造成了"摄像头+PS=专业相机"的典范。

怎么实现的？以大光圈为例，主要依靠音圈高速驱动镜头短时间内拍摄多帧图像，根据大光圈的特点锐化焦内图像、平滑焦外图像，最后合成一幅图。高帧频的CMOS发挥了重要作用，大光圈成像模型和图像处理更是威力无比。

这时候，一定会有人问：手机摄影能超越单反吗？这个问题很难回答，因为一部分功能可以说手机已经超越了单反，比如HDR；但单反具有强大的高品质镜头群、大像元的探测器，单纯依靠小尺寸小像元的廉价CMOS和塑压的镜头，即使把Photoshop都嵌入到手机里，也难以达到某些功能，比如"打鸟"（在很远的地方用长焦镜头拍摄鸟类的照片）。有人会说：某某手机能拍月亮不能"打鸟"？你知道原理是什么吗？拍月亮的核心是深度学习，也就是说，我们拍的月亮是从样本库来的，因为深度学习过度依赖样本，泛化能力太弱，而绚烂世界的不可枚举性自然看不到"打鸟"的场景。

当很多人享受了手机摄影带来的便利之后，他们有了更高的要求，既需要更广的视场，还需要**更高**的分辨率，以及**更长**的焦距（更远），而手机摄像头的凸起已成了手机的一块心病。可是，手机给摄像头留的空间已经非常小了，却要求**更小**。夜景、高动态范围（**更强**），等等，能加上的都给加上。一个小小的手机摄影，把计算成像的目标"更高、更远、更广、更小、更强"给发挥得淋漓尽致！

在这里，"更小"的要求挑战更大。那么，计算成像能做的空间有多大呢？在前文《光学系统设计，何去何从》中，已经讲过更小的光学系统设计，对于手机镜头而言，如果把8片左右的镜片减少至5片以下，还要保障成像质量，这对现在的光学系统设计而言无疑是巨大的挑战，不采用计算成像的方法，几乎不可能完成。更有甚者，很多厂家为了提升图像质量，在考虑用更大尺寸的CMOS器件，而这恰恰为"更小"提出更为严峻的挑战！

那我们该怎么办？这个时候，你还怀疑计算光学系统设计吗？当然，现在这些技术还不成熟，还有很长的路要走。

目前，我们在这方面做了大胆的尝试，一方面是放松公差的约束条件，另一方面采用低精度镜面的高精度成像方法，把主要的精力集中到非线性处理模型中。一些阶段性的成果表明，这可以降低成本，减小体积。

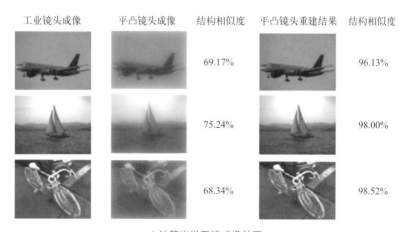

▲计算光学系统成像效果

2. 监控

监控的需求很简单：大视场高分辨率，能够穿透雾霾，全天候成像，也就是"更广、更高和更强"。

监控几乎无处不在，大量的摄像头部署在城市的各个角落，甚至在偏远的村庄、孤寂的路边，都有监控摄像头的存在。但是，需求的增长速度超越了技术的发展。越来越多的用户发现不是上了4K就能解决清晰成像的问题，很多时候发现高像素似乎是个伪命题：难以透过的雾霾（尽管大家都号称自己的相机能穿雾）、弱光下的噪声、强光下的瞬"盲"，还有那些高速"飞行"的物体（运动模糊），这些会顿时让你的4K无地自容。

广域大视场和高分辨率本身就是一个矛盾，解决这个问题需要跟动物学习，即仿生学。复眼在动物界普遍存在，蚊子、苍蝇、蜻蜓、蜘蛛、虾蛄都拥有不同类型、功能各异的复眼。但很少有人知道扇贝竟然也有100多只眼睛，分布在扇贝壳上那些闪闪发光的东西，其实是盯着你看的多只眼睛。

▲监控摄像头及雾霾天、运动模糊成像效果

为什么夏天的蚊子那么难打？因为当你慢慢靠近蚊子时，它的复眼已经开始预警，让其做好逃逸准备；当你的手掌迅速扑来时，蚊子早已不知所向。这就是复眼的威力：具有宽广的视场，超强的预警能力。

再来看看虾蛄［俗称皮皮虾却不是虾，因为虾属于甲壳（qiào）类，因被抓时腹部会射出无色液体，所以又被称为撒尿虾却常误写为濑尿虾或赖

▲虾蛄的复眼

尿虾]，它的复眼不仅可以拥有宽广的视场，而且这些眼睛带着不同光谱的"偏振镜"，能够在黑暗的环境中感知"敌人"，给自己留下生存的空间。看来，虾蛄比人类还懂得多孔径成像，更懂得多维物理量探测。

动物的这些"特异功能"恰恰是我们监控所需要的，因此，越来越多的多孔径相机应用在监控领域，有的孔径换成了红外相机，还有很多人在考虑加上偏振。这些做法无疑能够解决监控中的一些问题，但也付出了代价：相机数目的增加会提高成本，也带来了体积、重量的增加。这样的代价是否值得？既然分辨率与视场存在测不准的问题，是一个矛盾体，我们是不是就束手无策了？科学家从来不相信眼泪，以前如此，现在还是如此！

我认为：现在的很多难题其实还是受到材料和探测器工艺的限制。举个例子：人的视网膜是曲面结构的，而且黄斑位置处视神经分布密集，具有非常高的分辨率；人眼的视神经又由锥状细胞和杆状细胞组成，前者感光面小，又能够感知红绿蓝三种色彩，可以很好地工作在光线充足的环境下；而后者的感光面大，只能感应"黑白"强度，适合在暗弱环境下工作，比如夜间。烈日当下，当你从室外踏进光线暗淡的屋子时，会有瞬间"瞎"了的感觉，几秒后就可以看清楚东西了。这个过程其实就是两种不同细胞工作模式切换的结果，从锥状细胞切换到了柱状细胞。在夜间，看树叶都是黑黑的一片，其实也是因为锥状细胞感光受限，感受不到色彩。

如果我们有了仿视网膜的曲面探测器，试想一下，是不是光学系统就可以大大简化了？原先那么复杂的系统，现在可以用一个球透镜来代替，视场大、分辨率高，体积还小。这些问题，我会在后续的《千呼万唤不出来的计算探测器》中详细论述。

当然，监控躲不开的还有那透不过的烟尘云雾，单纯靠暗通道去雾等图像处理手段不能从根本上解决问题，偏振去雾也带来了能量损失，散射成像还不够成熟，这些问题都需要一步步解决。

3. 汽车自动驾驶

自动驾驶已为必然趋势，毋庸置疑。自动驾驶最可靠的是视觉，但视觉信号恰恰没有了距离信息，判断误差稍大即可导致追尾碰撞等一系列问题。于是，大家想到了雷达。

① 超声波雷达：几乎每辆汽车都安装了，作为倒车雷达，低速时还能比

较好地工作，但经常会出现失误。

②毫米波雷达：贵，体积大，成像机制复杂，很少用来成像。

③激光雷达：太贵，体积大，扫描成像帧频低，全固态又看不远。其实激光雷达还有一些问题：强光干扰时，回波信号受到严重干扰，工作不正常；不同材质对激光的反射率不一样，导致相同距离的物体因材质不同而回波信号不同，产生误差；当多辆汽车同时工作时，想象一下，那会是一个什么场景。很多人认为：没有激光雷达，自动驾驶不可能达到L5级，这是对的吗？很多人也在质疑马斯克的特斯拉不安装激光雷达，路难走远，这是真的吗？

▲雷达

我们来看看汽车自动驾驶需要什么：全视场无死角、高分辨率、全天候工作（白天、黑夜、阴雨天、雾霾天）、距离信息、自动识别、危险等级判断，等等。全视场当然靠多个摄像头，摄像头也不贵；高分辨率也没问题，反正芯片越来越便宜；全天候，这个有点难；距离信息用激光雷达吧，还能成像，可是……有了这些信息再做自动识别和危险等级判断，那是信号处理专家的事儿，让他们去攻克吧。

那么，离了激光雷达是不是真的不行？你看看路上跑的特斯拉，号称也

▲自动驾驶

能自动驾驶（L3），靠的全是图像。超声波雷达预警反应比较慢，我们都期望能有准确的距离信息。我们可以运用偏振三维成像，依据偏振信息获得"深度"信息，前提是要有一个标定后的相机或者一个测距的雷达，而这些的成本比激光雷达要低多了。

4. 光学遥感

光学遥感在国民生活中的作用太大了，可用于资源勘测、灾害预警、紧急救援、环境监测，等等，搭载的平台有卫星、飞艇、飞机、无人机。那光学遥感有哪些需求呢？

宽广的视场、高分辨率、全天候（穿云透雾）、更小的载荷、更低成本、多物理量探测（偏振、光谱等），这些都是光学遥感希望拥有的。很显然，视场和分辨率的矛盾又出现了，更强的环境适应能力（全天候）也面临着巨大的挑战，视场和分辨率又决定了载荷的形态，想做小也非常困难。现实生活中"物美价廉"的奢求一遍又一遍地打着我们的脸，高性能低成本——那是痴人说梦！

幸运的是，科学家就是那些痴人！当然，痴人圆梦是要付出巨大代价的。

我们就说一说低成本吧。光学系统的加工装调难度和成本与口径往往呈指数关系，高分辨率就意味着大口径，而大口径付出的代价实在是太大。忆往昔，看看James Webb望远镜，耗资100亿美元，历时25年，6.5米口径！

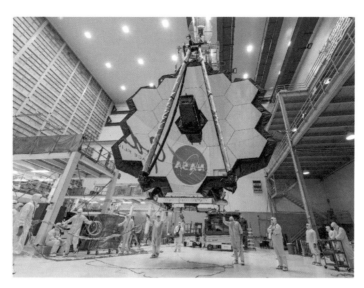

▲ James Webb 望远镜

在成本方面，我们真的要学习消费数码，典型的就是手机摄影——那么小的空间装下"强大"的相机，依靠的是手机强大的计算性能，当然主角是计算成像。

在前面的文章里，我多次提到过降低成本的两种方法：放宽加工装调公差和低精度的高精度成像，还有光学-图像联合设计方法，这些都可以一步步地减小体积，降低成本。当然，这些还不够，我们更需要的是非线性成像模型和高精度的光场解译方法。

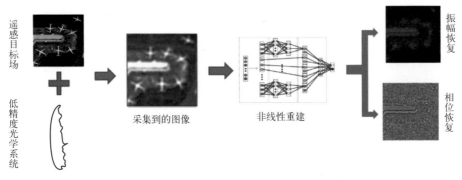

▲计算光学系统设计流程

5. 医学检查与手术

X射线、B超、CT、内窥镜，这些成像手段在医学检查和手术中都发挥着重要的作用，对提升医疗水平的贡献巨大。

我们最熟悉的感知方式是视觉，尤其是在可见光波段。但是，因为光的穿透能力太差，受生物组织和水的影响都很严重，成像质量差，甚至成不了像。超声波穿透能力强，可惜分辨率太低，即使专业人士也难以看出所有的病症。于是用CT，分辨率上去了，图像清晰了，很多病症都能检测出来，可是在手术的过程中，外科大夫去找那个病症的"结节"却非常困难。

在骨科手术过程中，病人在淌血，水管在冲洗，刀具在高速运转，打磨着那块"病骨"，这时候，一片模糊，什么都看不到了，怎么办？歇一会儿再干，病人的创口开放着，边干边停，历时时间太长。能不能看透那片浑浊，看清手术现状，早点结束手术？答案是能，而且以后更能！

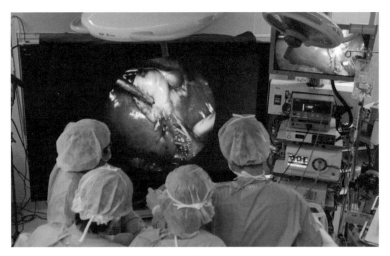

▲骨科手术

在医学成像方面，最大的挑战还是要穿透人体组织的混沌介质，一是看穿多深，二是看多清楚，这些都与人体组织密切相关。而人体组织又太复杂了：心脏有肌肉和血管，肺组织中有空气充斥，不同人体部位中的脂肪和结缔组织，还有骨骼、血液在其中，而且它们的密度还千差万别。

在穿透人体组织的医学成像中，比较典型的技术有偏振成像、光声成像和散射成像。偏振成像能够透过水、血液等浑浊度不太高的场合，典型的是手术现场；光声成像是关联成像的一种，光穿透生物组织后，分子吸收能量后振动产生超声波，可以将调制的光信号转换为变化的声信号，通过声信号的探测与光信号做相关运算重建图像。与超声不同，成像分辨率是光学成像的分辨率。但光声成像需要较高功率的激光产生足够强的超声信号，这种强度的激光会产生灼伤，而且需要扫描成像，实时性差，不适宜活体观测。散射成像尽管目前已有较大的进展，但还有很多问题需要解决，具体可参考《散射成像：又爱又恨的散射》一章。

近年来，傅里叶叠层成像（Fourier Ptychographic Microscopy，FPM）发展很快，它融合了叠层相干衍射成像、相干合成孔径以及相位恢复技术的思想，克服了传统显微镜视场与分辨率相互制约的问题，具有大视场、高分辨率、像差自矫正、无标记以及定量相位成像等特点，在数字病理以及无标记定量相位成像等领域优势明显。此外，FPM还可以应用于X射线波段的纳米尺度的显微成像以及基于相机扫描的远距离遥感高分辨率成像。

近两年来，康涅狄格大学郑国安教授课题组提出了无透镜编码叠层成像，这一技术同样由叠层相干衍射成像技术演化而来，可以看作是FPM在

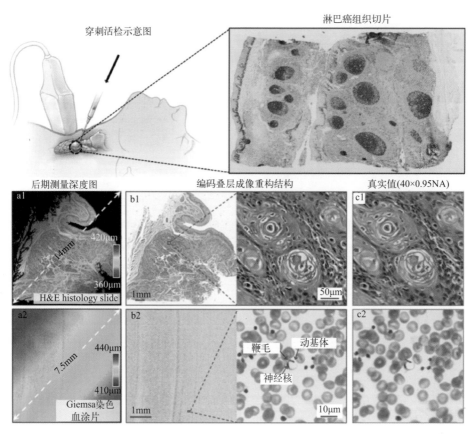

穿刺活检示意图

淋巴癌组织切片

后期测量深度图   编码叠层成像重构结构   真实值(40×0.95NA)

a1   420μm   14mm   360μm   H&E histology slide

b1   1mm   50μm

c1

a2   440μm   7.5mm   410μm   Giemsa染色血涂片

b2   鞭毛   动基体   神经核   1mm   10μm

c2

▲编码叠层成像在数字病理方面的应用

互易空间的实现。其系统简单，在传感器的玻璃保护层表面直接均匀涂抹一层薄的散射介质（微球粉末或血液），物体可以直接放置在传感器上方不足1mm的位置。该技术具有高通量、大视场、高分辨率以及定量相位成像等特点，特别是能够定量重构缓变的低频大相位物体，这是其独特的技术优势。目前，该技术已经被证明在高通量血细胞计数、数字病理、抗药性测试、无标记定量成像等领域具有应用价值，具体可参阅我的学生郭成飞的博士学位论文[42]，他在郑国安教授的指导下做了大量的研究工作。

6. 工业检测

工业检测是一个非常大的领域，涉及面极广。非接触测量是光学成像的强项，很多场合没有可接触空间，探针之类的无法安装，这时候光学就发挥

(a)

分辨率增强的编码叠层系统

光纤分束器

转化   转化

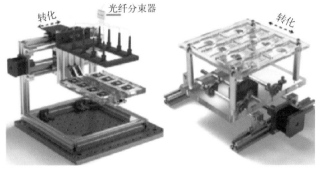

(b)

人血涂片的全视场重构结果

1.8cm

编码叠层成像重构结果

相位

10 μm

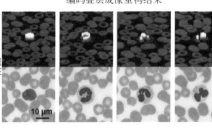

追踪抗生素诱导的成丝过程(8μg/mL氨苄西林)

60 mins

π/4

0

120 mins

180 mins

蛋白质聚集

— 60 mins
— 120 mins
— 180 mins

20 μm

▲编码叠层成像在生物医学方面的应用[42]

了很大的优势。工业检测的要求主要有：高分辨率、大视场、多维度（主要是三维形貌）、实时性高等，优势是可以使用照明，不利的是很多工作场合有空间上的约束。

因为可以采用照明方式，那么计算照明的手段都可以应用到工业检测的领域，从最初的结构光照明，到后来的主动偏振成像，再到傅里叶叠层成像，都是应用的典范。结构光照明成像是工业检测中最为成熟的手段，在工业加工、检测、装调过程中都有典型的应用，主要针对高分辨率、三维形貌等来解决问题。在技术层面上，发展也很快，实时性也得到很大的提高；但是由于结构光投影的约束，做到大视场高分辨率却很难。当然了，解决的办法也有，成本最低的就是扫描成像，将一个很大的物件经过纵横多次扫描，覆盖整个视场。对结构光而言，还有一个要解决的问题就是镜面反射和投射到透明介质，需要特殊的模型。

▲结构光设备

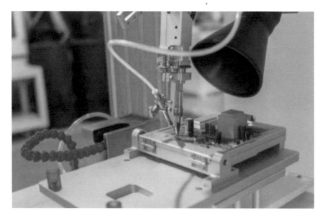

▲工业检测设备

偏振成像的好处除了能引入偏振特性以判别不同材质外，也能获取三维形貌。偏振成像技术的发展，会给工业检测注入新的血液，尤其是结合双目视觉和结构光成像等手段，将会有全新的、可期待的结果。

7. 军事应用

在军事应用中，可以说计算成像在"更高、更远、更广、更小和更强"方面都有巨大的潜力，尤其是面对越来越复杂的战场环境，在更大范围内（更广）及早地发现敌人（更远），辨识型号（更高），能够在对抗情况下（更强）对敌精确打击，这些都是传统光学成像难以克服的问题。战争拼的是实力（当然包括智力），打的都是"银子"，尤其是非对称格局下如何取胜。要有"打得起"的弹，而且抗干扰能力还要强，需要像对待手机摄影的设计那样，"斤斤计较"。还要进行模式创新，采用计算光学系统设计方法简化光学系统设计；采用模压方式制作低成本的光学镜头；采用集成化手段减小体积、重量、功耗，提高性能；采用计算成像方法应对强光对抗、战场烟尘等复杂环境。

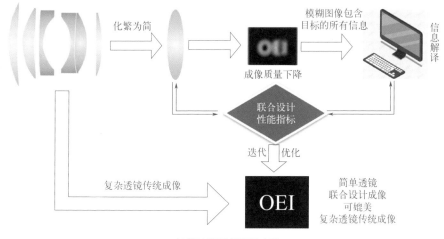

▲计算光学系统设计方法

8. 总结

计算成像应用的大趋势已经到来，随着人工智能等信息处理能力提升，传统的光学成像技术越来越捉襟见肘。很多研究人员发现传统视觉在人工智能中的应用已显现出巨大的能力缺陷，主要问题是在信息量上的不足，这是因为视觉获取的主要是空间、时间和色彩（强度）的信息，而偏振、相位、光谱等重要物理量信息缺失，在维度上就处在了劣势。于是，有人提出了"物理视觉"这个概念，以区分传统的机器视觉。其实，这些问题在前文《光场：计算光学的灵魂》中已有论述，这些需求实际上都触及了计算光学的灵魂深处，需要我们不断发展新理论，研究新技术，开拓新领域，才能够解决这些真问题。

天下武功，唯快不破

——超快成像技术

"天下武功，唯快不破！"说着，火云邪神淡定地伸手夹住射过来的弹头，一脸的轻蔑。

鳌拜研究员在韦小宝部长的帮助下，联合国内多个竞争对手申请了一个重大课题"非正常人类在紧急避险情况下的极限生理反应"，他一直在琢磨："火云邪神是不是真的能抓住子弹？研究出来他是怎么做到的，这个项目就可以顺利结题了！"这时，神龙教主道："试一试我们研究院新研制的霹雳三号高速相机吧，这台相机全画幅满帧频达到了10000Hz，拍这个是小菜一碟啊。"鳌拜顿时领悟："来来来，火云邪神，再试一次，我们用高速相机拍一次，看看你的反应如何！预备，开始……"只听"砰"的一声，火云邪神应声倒地。

"怎么回事？"海大富教授慌忙去检查装置。"糟了，弹药多加了一点，天幕靶计时仪上显示的子弹速度由原先的300m/s变成了384m/s，超过了被试品火云邪神的反应极限，他牺牲了！"

鳌拜面无表情，冷静地说："这个项目可以结题了，反应极限数据真实可靠，厚葬火云邪神吧……"

这时，一股阴冷的声音像是从地缝里传出一般："你这算什么！你有本事拍出光子啊！"

啊，是东方不败……

1. 什么是超快成像（高速摄影）

时间是光场函数中最重要的一个参数，成像本质上是某时间段内光场函数的积分，即：

$$I = \int_{t_1}^{t_2} L(x, y, t, \lambda \cdots) \mathrm{d}t$$

$\Delta t = t_2 - t_1$ 越小，就意味着成像的时间分辨率越高。

那么时间分辨率能有多高呢？大家瞬间就能反应出一些时间单位：年、月、日、时、分、秒、毫秒（$1\mathrm{ms}=10^{-3}\mathrm{s}$）、微秒（$1\mu\mathrm{s}=10^{-6}\mathrm{s}$）、纳秒（$1\mathrm{ns}=10^{-9}\mathrm{s}$）、皮秒（$1\mathrm{ps}=10^{-12}\mathrm{s}$）、飞秒（$1\mathrm{fs}=10^{-15}\mathrm{s}$）、阿秒（$1\mathrm{as}=10^{-18}\mathrm{s}$）……

注意：这里使用了"瞬间"这个词，它跟我们常说的"刹那"一样，也是时间单位。一"刹那"只有0.018秒。

▲时间

从字面上来看，这些冷冰冰的数字好像很难说明什么。那我们来看几个数据：光在1秒可以走$3×10^8$米，也就是30万公里；1纳秒可以走0.3米；1皮秒可以走0.3毫米；1飞秒可以走300纳米，约为紫外光的一个波长；而在1阿秒可以走0.3纳米，也就是说，即使是光刻机所用的极紫外光（波长35nm），也远远走不到一个波长！阿秒是我们目前能够触及的最小的时间单位。

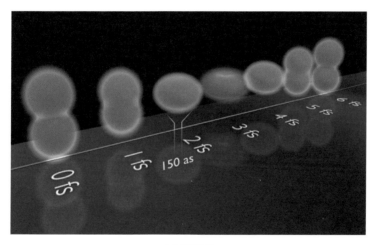
▲时间单位

超快成像本质上是光电成像在时间维度上高分辨率投影的体现，也就是说超快成像能够在时间维度上给出光电成像更精细颗粒度的影像表征。通常，我们会用帧频（fps或Hz）来描述超快成像的时间分辨率，帧频越高，时间分辨率就越精细。由于人眼的视觉暂留时间只有0.1～0.4秒，每秒播放25～30帧连续静态图片，人眼看起来就是"动"起来的视频，这就是电影的原理。对于高速运动的物体和瞬间变换的超快现象，人眼就无能为力了；

此时，利用高速摄影技术就能依照时间顺序捕捉记录下时空变化的影像信息，能够在时间维度上精细观测图像的变化。

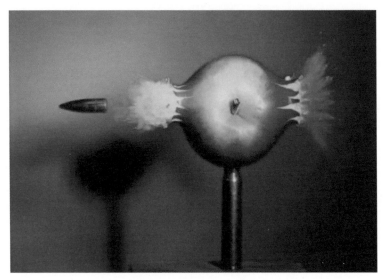

▲《子弹穿透苹果》(Bullet through Apple)

1964年由高速摄影先驱哈罗德·埃杰顿拍摄到时速3000公里的子弹穿过苹果的一瞬

魔术表演经常用的一种"手快"大于"眼疾"的遮眼法，比如，变扑克牌时，魔术师的手法相当快，快到用人眼观测时只会惊叹"这是怎么做到的"，而当用高速相机拍摄时，就能轻松瞧出端倪。

▲魔术表演

如今，光电成像芯片的发展速度很快，连手机摄像头都换上了240Hz以上的高速CMOS，轻松完成"慢动作"拍摄，实现你细微观察一滴乳液落进乳汁里产生优美涟漪的梦想！

▲高速相机完成"慢动作"拍摄

什么样的拍摄速度才能称其为超快成像并没有严格的规定。在应用上，帧频为1000以上的成像就可以称之为高速摄影，而百万帧以上的就是超高速摄影。科学家挑战成像的时间极限从未停止过，万亿帧频为单位的极高速摄影已不再新鲜。接下来，我们看看超快成像的历史。

2. 超快成像的发展历程

1851年，英国化学家、语言学家及摄影先驱Henry Talbot将《伦敦时报》的一小块版面贴在一个轮子上，当轮子在暗室中快速旋转时，利用莱顿瓶1/2000秒的闪光，拍摄了几平方厘米的原版面，最终获得了清晰的图像。这

▲ Muybridge拍摄的马奔跑的照片

是最早的高速摄影的记载，其原理是利用极短的曝光时间在胶片上记录下影像。1887年，E. Muybridge利用多个相机拍摄了马快速奔跑的过程，拍摄过程中，每个相机的快门被一些横在跑道上的线拴着，这些线在马跑过的时候就会触发对应的相机，完成拍摄。Muybridge的拍摄方式为高速摄影提供了一种直接的解决方案，即**分幅相机**。每幅图像均在极短的时间曝光，幅与幅之间有一定的时序关系，分幅相机的特点是能够直接成二维像。

早期的分幅相机采用感光胶片作为底片，拍摄时，胶片在输片装置的作用下做间歇运动，这种相机被称作**间歇式高速相机**。由于曝光时需要保持像与胶片相对静止，在一定程度上限制了高速相机的拍摄速度，其拍摄频率约为10^2fps。针对间歇式高速相机的缺点，研究人员引入了补偿装置进行改进，如下图所示[43]。拍摄时，胶片与反射镜固定在转鼓上，以相同的角速度旋转，反射镜将像反射到胶片上，像与胶片保持相对静止。这种相机被称为**补偿式高速相机**，可以将拍摄频率提高到$10^4 \sim 10^5$fps。

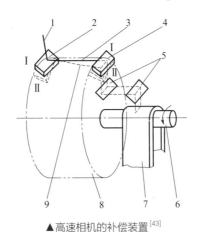

▲高速相机的补偿装置[43]

1—入射光线；2—反射镜A；3—出射光线Ⅰ；4—反射镜B；5—斜方棱镜；
6—输片轮；7—胶片；8—转鼓轮；9—出射光线Ⅱ

以上分幅相机的设计思路都采用了快速移动底片的方式，对底片的机械强度和成像装置的稳定性都有很高的要求，在一定程度上限制了拍摄频率。分幅相机的另一种设计思路即**转镜式高速相机**，如下图所示[44]。拍摄时，底片固定不动，拍摄目标通过物镜成像在视场光阑上，再通过场镜成像到反射镜附近，得到中间像，中间像被反射后经排透镜成像到底片上。反射镜旋转时，反射光相继扫过一系列排透镜，底片上得到与排透镜数目相等的照片。该装置中，每一个排透镜及其对应的底片组成一架照相机，相互之间以一定的时间间隔依次进行曝光，由于反射镜高速旋转，使得拍摄目标的像在排透镜上一闪而过，起到了高速光学快门的作用。转镜式高速相机的成像质量较高，拍摄频率可达 $10^6 \sim 10^7$ fps。

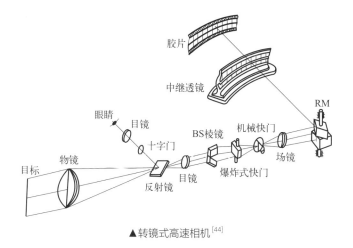

▲ 转镜式高速相机[44]

中国科学院西安光学精密机械研究所（简称西安光机所）——为记录核爆而诞生的研究所——研制的 ZDF-20 型转镜式高速相机，为我国第一次原子弹试验提供了瞬变过程的重要图像资料。为了使转镜达到足够的速度，科学家采用了炸药爆炸驱动方法，在原子弹爆炸的瞬间引爆炸药，带动转镜飞转，拍下原子弹爆炸瞬间的36幅照片，速度达到20万帧/秒，成为经典。

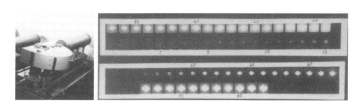

▲ 首次核试验使用的ZDF-20型高速摄影机及其拍摄的核爆瞬间系列火球

随着光电子技术的发展，CCD、CMOS 等图像传感器逐渐替代了感光胶片，超快成像技术有了进一步的发展。近年来，随着材料的发展和半导体工艺的提升，高速芯片的发展速度也在加快，1024×1024像素@20000fps的高速相机已经成熟量产多年，开窗后的最高帧频可达200万帧（10^6 fps量级），曝光时间为微秒量级，这是因为高速相机的速度受到读出数据流带宽的限制。现在还有纳秒量级的超高速相机，帧频更高。这种相机应用更加方便，只是存储是个比较大的问题，因为数据量太大，256GB内存只能记录12秒的原始格式数据。

为了进一步提高拍摄速度，采用分幅式设计，于是就出现了**超快速分幅**

▲我国首次原子弹爆炸形成的蘑菇状烟云

相机（Ultrafast Framing Camera，UFC）。

　　基于图像传感器的分幅相机设计思路较为简单，通常利用棱镜将入射光分束，并分别成像到图像传感器上，根据设定好的时序依次抓取图像，实现分幅功能，如下图所示[45]，拍摄频率可以达到10^8 fps，甚至更高。一方面，由于分束器只能将入射光分为有限束，图像传感器每次依时序抓取的图像数量也是有限的，从而限制了UFC的帧率。另一方面，传感器读出图像时，需要极为精确地控制其开始的时刻和持续的时间，即CCD的时间门（Time gate），以捕获瞬态事件的连续时间片段，这一过程对控制信号的质量要求很高，进一步限制了UFC的帧率。另外，它的成像速度也受电子器件的影响。这时候，**条纹相机**诞生了。

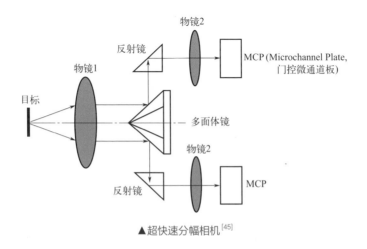

▲超快速分幅相机[45]

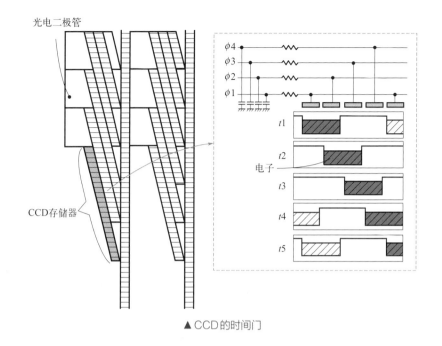

光电二极管

CCD存储器

φ4
φ3
φ2
φ1

t1
t2
t3
t4
t5

电子

▲ CCD的时间门

　　超快速分幅相机拍摄时，需要精确操作控制图像传感器的"时间门"，每个"时间门"控制一次拍摄。连续拍摄时，需要多次操作控制信号，使"时间门"按照设定的时序排列，增加了信号处理的难度，大大限制了相机的拍摄频率。于是，为了追求极致的拍摄速度，科学家发明了条纹相机。它只需操作一次"时间门"就可以把整个动态过程都记录下来，因此拍摄频率极快，可以达到10^{13}fps。

　　条纹相机工作原理如下图所示，光信息首先进入条纹相机最前面的狭缝，然后打到光电阴极上，产生电子，电子被加速进入到扫描板。拍摄时，时间门打开，条纹管中加载横向（上下方向）的扫描电压，该电压随时间线性变化，不同时刻，电子受到的横向电场力不同，使不同时刻的电

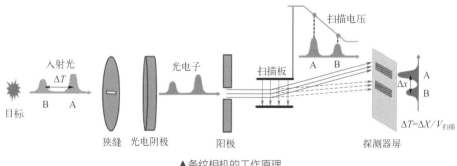

扫描电压

入射光
ΔT
B　A

光电子

扫描板

A　B

Δx
A
B

$\Delta T = \Delta X / V_{扫描}$

目标　　　　狭缝　　光电阴极　　　阳极　　　　　　探测器屏

▲ 条纹相机的工作原理

子打在探测器屏上的位置不同，**光的时间信息转换为探测器屏上的位置信息**。条纹相机采用时变电场偏转电子的方法记录光的时间信息，时间门只起到触发信号的作用，对拍摄频率无影响。条纹相机只能拍一维信息，如果拍摄二维图像，会产生空间叠加混合现象，因此条纹相机在最前端会设置狭缝。

西安光机所是国内最早研究条纹相机的单位，目前国内做条纹相机的研究人员多与西安光机所有关。

为了从条纹相机获得二维图像，Lihong V. Wang（汪立宏）团队发明了压缩超快成像技术（Compressed Ultrafast Photography，CUP）[46]。CUP原理如下图所示，使用条纹相机时，把条纹相机的狭缝完全打开，对物体成二维图像。CUP拍摄场景时，先用镜头等光学器件把物体成像在DMD上，对物体的像进行编码。编码的像被DMD反射后进入条纹相机，条纹相机根据不同的时刻对编码的像做相应的偏移，最后偏移的所有图像会叠加在条纹相机的外置CCD探测器上，叠加在一起的图像通过压缩感知（Compressive Sensing，CS）理论还原出来。CUP的数学基础是CS重构算法，其基本思想是：在信号本身是稀疏的或者可以稀疏表示的前提下，设计一种观测矩阵，可以将稀疏表示的高维信号投影到一个相对低维的空间，以便在采样的同时实现压缩。最后通过对低维空间里少数观测值求解一个非线性的最优化问题，就能以较高的概率重建出原始信息。

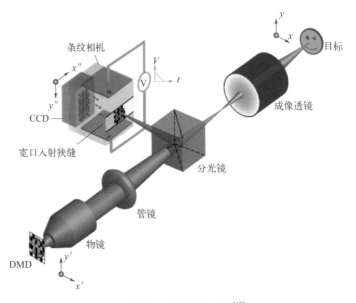

▲ 压缩超快成像的工作原理[46]

压缩感知的本质是解线性方程组，针对一维信号的处理，是对**悲观的奈奎斯特采样**的一种挑战，是一种**乐观的采样模式**，能够**最大概率地恢复原信号**，但要求满足有限等距性质约束。图像是二维信号，这个不怕，把矩阵"拉直"变成向量；RIP的约束条件经常比较苛刻，这个也不怕，反正看的是图像，更多是视觉因素，况且人眼看有噪声甚至隐含式的图像（如测色盲的图案），有天生的"增强"模式，噪声严重一点算什么，所以，不满足RIP约束照样能恢复信号。所以，我们要客观地看待压缩感知，它有用，适用条件是什么，怎么扩展应用，局限性在哪里，搞清楚最好。

上面所列的这些其实都属于**接收式超快成像**，不需要特定照明光，可以拍摄自然光照明的场景。

当然，超快成像还有其他的方式，下面我们就来进一步论述超快成像的分类问题。

3. 超快成像分类

（1）按照明方式分类

从照明的角度分，超快成像技术可以分为两类：**主动式照明超快成像**和**接收式超快成像**。

接收式超快成像不需要特定的照明光，只要动态过程发光就可以被记录，对于不发光的过程采用自然光进行照明也可以成像记录，这类成像技术需要对携带动态过程的光信息进行特殊操作来反演时间信息。上一节已经介绍，不再赘述。

主动式照明超快成像需要特定的照明光源，这类成像技术一般是**把照明光的空间、频谱或者相位信息通过计算转换为时间信息**，用照明光的时间信息反演动态过程。这一类超快成像技术主要有飞秒时间分辨光学偏振测量技术（Femtosecond Time-resolved Optical Polarimetry）[47]、全息记录光子飞行技术（Light-In-Flight by Digital Holography）[48]、频域层析成像（Frequency Domain Tomography）[49]和时序全光映像摄影术（Sequentially Timed All-Optical Mapping Photography）[50]等，这些方法的典型特点是利用照明光的物理特性，甚至是光与物质相互作用特性，将时间信息映射到其他物理维度。随着超快激光技术和光学材料的发展，相信科学家会发掘出越来越多类型的时间到其他物理量的映射关系方法，产生更多的主动式照明超快成像技术。

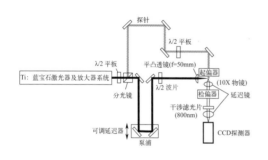

(a) 飞秒时间分辨光学偏振测量技术

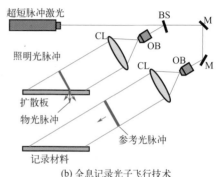

(b) 全息记录光子飞行技术

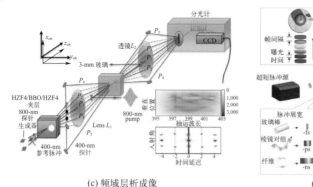

(c) 频域层析成像

(d) 时序全光映像摄影术

▲主动式照明超快成像[47-50]

不过，这种技术需要主动照明，而且受限于物理特性，应用场景受限，多在近距离场合应用。

（2）按帧频分类

超快成像似乎按帧频分类更合适，但这只是一个一厢情愿的想法而已。

在超快成像中，一般1000fps以上的帧频就认为是**高速摄影**了，在这个速度下，我们能够捕捉到弹丸的飞行轨迹；可是要拍摄爆炸，尤其是核爆，那就需要几十到数百万帧以上的**超高速摄影**技术；而要拍摄到微观的急速变化，如光的传播、化学反应、光合作用，等等，那就需要万亿帧频级别的**极限摄影**技术了。

这种说法其实很牵强，更简单的是按照曝光时间来分类：毫秒量级对应的是千帧，微秒对应的是百万帧，纳秒量级对应的是十亿帧，皮秒量级对应的是万亿帧，飞秒量级的……到现在还没有出现！

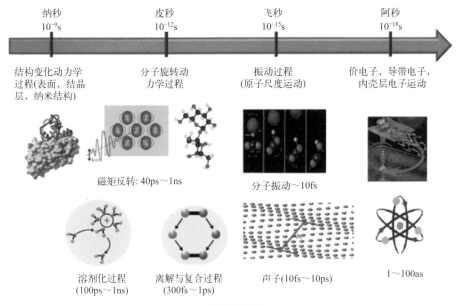

纳秒 $10^{-9}s$　　　　皮秒 $10^{-12}s$　　　　飞秒 $10^{-15}s$　　　　阿秒 $10^{-18}s$

结构变化动力学
过程(表面,结晶
层,纳米结构)　　分子旋转动
力学过程　　　　振动过程
(原子尺度运动)　　价电子,导带电子,
内壳层电子运动

磁矩反转: 40ps～1ns

分子振动～10fs

溶剂化过程
(100ps～1ns)　　离解与复合过程
(300fs～1ps)　　声子(10fs～10ps)　　1～100as

▲极限摄影需求

4. 超快成像存在的问题和未来

超快成像技术可以说集材料、物理、数学、控制、机械和信息等多学科发展之大成,从材料到探测器,从光的物理特征到时间映射,从数据记录到信号恢复……这需要多学科的支撑。

发展中的事物必然存在问题,这很正常。

首先,数据量"巨大"毫无疑问是超快成像要面对的一个重要问题,尽管存储器件已经很廉价了,但是数据的检索和处理依然是大问题。线阵CCD可以实现高速电荷转移,动辄几百上千K的高帧频似乎就应该用在高速摄影上,于是就出现了"立靶"这样的东西,在靶场上测量弹丸的飞行姿态,可惜,弹丸经时只能拍摄到"一帧"静态的图像,因为是运动物体的扫描成像,于是留下了"巨"量的无效数据,处理起来非常麻烦,查找数据就是大海捞针。你知道吗,这样的装备现在还在使用!

高速相机也面临着比这更严重的问题,由于数据量"巨大",只能采用内存储的方法,大多相机只能存储几秒到几十秒的数据,而且这些数据大部分都是冗余,有效数据寥寥无几,数据处理起来需要几个小时甚至几天,实时处理是妄想。但,光电成像装备有个好处是"观察效果直观",百闻不如一见嘛,所以

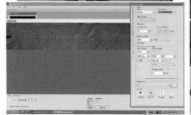

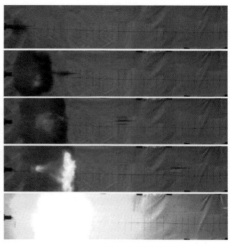

(a) 高速摄影机及软件界面　　　　　(b) 不同时刻拍摄的弹丸图像

▲ 靶场测量弹丸的飞行姿态

还有很大的市场。

其次是探测器的发展问题。超快成像需要探测器具有极高的灵敏度、极快的快门控制和电荷的高速转移的性能，需要 $20\mu m \times 20\mu m$ 以上尺寸的大像元，需要高速的读出电路和时序控制电路。近年来，单光子探测器发展很快，阵列型的单光子探测器也步入了应用阶段，尽管还存在很多技术难题，但是，它的高灵敏度为皮秒量级甚至更高的极限速度成像提供了有效途径，也许，我们能看到飞秒量级的成像结果，超快成像将进入一个全新的阶段，我们有更多的手段去观察更细微、更高时间分辨率的变化场景，这些将有助于研究化学键的断裂、神经元信号传递、光入射到介质表面发生的变化等更加细致入微的美妙场景，揭示光与物质相互作用、脑电传导和意识形成、化学过程等现象的本质。

最后是**新的超快成像机制问题。**随着新材料、新工艺和量子探测技术的发展，也随着光与物质相互作用性质的新发现，会有更多的将时间转换为其他可测物理量的方法，形成更多类型的超快成像方法；另外，随着计算成像基础理论和光场映射技术的发展，新的超快成像机制也会应运而生，这些都非常值得期待。

汪立宏教授说："当信号通过神经元传播时，我们希望看到神经纤维有微小的扩张。如果我们有神经元网络，也许我们可以实时看到它们的通讯。"此外，他说，由于已知温度会改变相位，因此该系统"可以成像火焰前沿如何在燃烧室中扩散"。

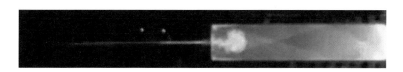
▲预混火焰的燃烧过程

超快相机最早应用在靶场中，用于记录弹丸的爆破和飞行轨迹；随着微电子和微纳技术的发展，越来越多需要超快成像技术去发现，比如MEMS和NEMS中的微纳米结构，利用运动和内部结构及缺陷的超快成像，非常值得研究。

超快成像技术作为时空的显微镜，能够精准地捕捉时空奇点，揭示宇宙的奥秘，不仅可以在靶场、工业领域中广泛应用，而且在物理、生物、医学、化学、仿生等领域中也会大放光彩。

5. 尾声

天下武功，唯快不破！其实，科研何尝不是！有人说，现在是人工智能的天下，可是深度学习的结果给人的感觉还是幼儿园孩子的智力水平，似乎大数据也实现不了他们升到小学三、四年级的水平，这意味着什么？神经元传递信息和运算的模式还得依靠"超快摄影"这个利器。

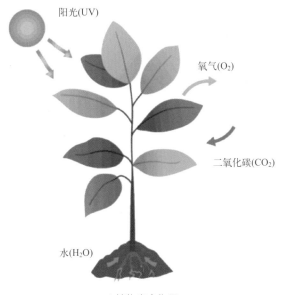

阳光(UV)

氧气(O_2)

二氧化碳(CO_2)

水(H_2O)

▲植物光合作用

东方不败最近走了霉运，被韦小宝使计囚禁在了西湖梅庄。

"东方教主，你尽管使出'葵花宝典'功夫吧，我给你拍成慢动作，看看你到底厉害在哪里！林平之这小子的招式已经被我们的超快相机破解了，这小子的功夫其实只需要1000Hz就搞定了，你这顶级高手，10000Hz应该够了吧，不行的话，来个200万帧的……"韦小宝自从有了超快相机这个宝贝，似乎天下的绝学武功已不再神秘了。据说，他最近迷上了植物的光合作用，用CUP超快相机拍了很多数据，带了几个弟子做大数据深度学习……

千呼万唤不出来的

计算探测器

如果说镜头是人眼的晶状体，那么探测器就是人眼的视网膜。可是，我们对比后却发现探测器这个"视网膜"有些不同：在平面的硬质固态材料构成的没有"黄斑"区的薄膜上，印刻着密密麻麻的格子，由读出电路输出一个矩阵。很显然，跟人眼大不相同。

▲生物的视觉探测

那么，我们要问：既然摄影是仿生，为什么不做成跟人眼更像的"视网膜"呢？半导体材料和工艺的发展越来越快，一会儿是硅，一会儿是石墨烯，一会儿又是钙钛矿，下一个是什么？

有人说，现在手机都上亿像素了，几万块的单反（微单）相机却舍不得换成亿像素的探测器？

有人说，真的不能做成曲面的吗？能不能也做一个"黄斑"区？

还有人说，鹰眼可以在万米高空发现一只兔子在奔跑，恶心的苍蝇有着可爱的复眼，蜘蛛那几个眼睛你会越看越害怕，蛇好像看到的是红外，虾蛄能识别偏振……

大家说的都没错，都说到重点了。总结一下，探测器的几个要素：采样、量化、灵敏度、信噪比、面型、波段、像元类型和多物理量场。

我们就从人眼和动物的视觉开始，了解一下计算探测器吧。

1. 人眼，视觉与仿生

先来看一下人眼的结构和视觉是如何形成的。初中的时候，我们就学习了眼睛的生理结构，知道虹膜、巩膜、晶状体和视网膜。这里，我们进一步分析一下眼睛与视觉的形成，然后通过仿生与现代成像的比较，看看从中能发现点什么。

首先，晶状体相当于光学镜头，可是这个晶状体的结构看起来简单，却暗藏玄机。这个单片的"镜片"，折射率是可以改变的，依靠肌肉的拉伸就可以实现远近的对焦，而且，没有像差！这是发展了上百年的现代光学难以解决的问题。这是计算光学系统要解决的问题，本文不再赘述。

然后，我们研究一下视网膜，这个由锥状细胞和杆状细胞组成，视神经以中间黄斑处密集分布、周围稀疏分布的网状散射铺开的结构，给人类生存提供了细致入微的保障。锥状细胞能够感受红绿蓝三个波段，而且感光面小，相当于采样频率高。当光线充足时，锥状细胞就发挥作用，既起到了形成彩色视觉的作用，还能看得更精细，达到高分辨率成像的效果。杆状细胞则不同，感光面大，只能感受光强度的变化，而无法感知到色彩，它的工作条件是光线暗的夜晚和黑暗的环境，这时候，我们进入了一个黑白的世界，能够在微弱光线的场景下看清周围的环境。你看，人眼有两套工作模式。我们更进一步分析，视神经是不均匀的，发散状辐射分布的结构，既能依靠在黄斑上聚焦看清楚近处的物体（指纹、文字等），又能依靠周围的视觉神经看远处的景观。在这里，我们又发现：原来并不是所有的视神经都同时工作，而是可以根据需要轮岗的——妙极！其实，人的两个鼻孔也是分时工作的，只是我们习惯了，感受不到而已。还有，人的视网膜是曲面的，不是平的。如果按照光路图的形式画出人眼的成像：倒立、弯曲，而我们却感受不到，为什么？这就是大脑的功劳！

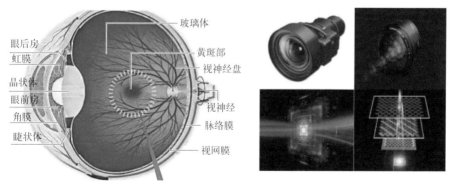

眼后房　玻璃体
虹膜　黄斑部
晶状体　视神经盘
眼前房
角膜　视神经
睫状体　脉络膜
　　　视网膜

▲人眼结构与CCD相机结构

人眼的视神经感受到刺激后，马上会传导到大脑，在大脑中形成视觉，也就是你看到了什么。有人色弱，有人色盲，有人近视，有人远视，老人会老眼昏花，很多人远处看不清，近处也看不清！

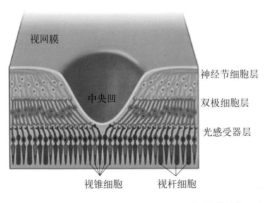

視网膜　　　　　　　　　　　　　　　　　　　　　　杆状细胞

　　　　　　　　　　　　　神经节细胞层

中央凹　　　　　　　　　　双极细胞层

　　　　　　　　　　　　　光感受器层

视锥细胞　　　视杆细胞　　　　　　　　　　　　　　锥状细胞

▲视网膜结构示意图

在前面我们还讲过，人眼视觉的暂留时间为0.1 ~ 0.4秒，于是我们可以用一秒24幅图像构成电影这样的东西去欺骗大脑；两只眼睛协同工作，不仅能进行双目定位，而且可以提升分辨率。

人眼近视后，配的眼镜再好，都无法恢复到从前，因为，眼镜已经引入了像差，你需要一周左右的时间让眼睛适应这些像差，其实，你看到的视觉已经是复数光场（虚部不可忽略的那种）在视网膜中的实数投影，说到底，引入了让你难以忍受的相位。

而且，人眼遇到了强光刺激时，眼睑闭合再睁开，就会发现竟然能适应一定条件的强光，看到高动态的场景了！还有很多人在研究高频眼球颤动的问题，这种高频眼动能够迅速捕捉到运动的物体，然后引起眼睛的显著性关注，对运动物体的危险等级进行判别并做出避险行为。

这些都是我们现在的相机难以做到的，尤其是探测器，要做的事情太多了。我们再看看节肢动物门口足目的虾蛄吧，它的眼睛竟然有六瞳，并且还包含了16种用于感受颜色的视锥细胞！这就意味着它们最少可以看到16种颜色，除此之外，波段覆盖了紫外、可见和红外，而且它还能感受偏振光，而人类眼睛中却只有感受红、绿、蓝三种颜色的视锥细胞，这个从上古时代过来的低等动物竟然有如此强大的"视觉"系统，跟它比，人类的视觉简直就是小儿科！

六瞳可以增强对物体的运动速度和方向判断能力，在这信息获取能力超强的情况下具有预先发现事物变化规律的能力，这对预判太重要了！紫外能够判别真伪，而红外能感知温度，丰富多彩的可见波段能看到更绚丽的世界。这个逆天的偏振，不仅能感受线偏振，而且可以感受圆偏振。由于虾蛄的甲壳中含有大量糖分，因而它们的部分甲壳能反射圆偏振光，看上去就像闪闪发光的珠宝。虾蛄利用圆偏振光与潜在配偶进行交流时不易被掠食者发现，因为其他动物可能看不见这种特殊光线。

下面，我们再看看比人眼"低劣"得多的光电成像探测器吧。

2. 从胶片到CCD和CMOS

照相从出现到现在其实也不过百余年历史，尽管墨子在2000年前就提出了小孔成像，但照相技术的出现还是得益于光感材料的发展：先是有了氯化银做成的胶片，然后有了2009年获得诺贝尔奖的电荷耦合器件图像传感器CCD（Charge Coupled Device）的发明，随后有了更为普及、价格低廉的CMOS（Complementary Metal Oxide Semiconductor），便有了现在铺天盖地的摄像头。当然，还有越来越普及的红外焦平面阵列，从成本高、成像品质高的制冷型到低成本的非制冷型，从军用到民用，从航天到汽车，应用场景越来越广泛，技术越来越成熟。

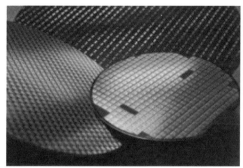

▲从感光胶片到光电探测器

这么看，似乎探测器已经成熟得不得了了，更高的像素数、更高的灵敏度、更高的信噪比……似乎这些都成了材料和工艺的问题了。那么，这样的认识真的对吗？

尽管现在的探测器工艺越来越成熟、靶面越来越大、排布越来越紧密，但是，这些性能更优良的探测器与最初的CCD/CMOS是否有本质的区别呢？很显然，没有！此处我们不讨论被CCD淘汰的胶片，只谈固态探测器。

光电成像探测器的功能主要有：采样、量化和记录光的强度信息，其**本质就是输出一个数字矩阵**，这个矩阵的行和列代表了采样点位置，数值则代表经过量化后的强度信息。

探测器阵列是由多个像元构成的，每个像元相当于一个单元探测器，能够独立输出所在位置的光响应信号，这也就是在图像处理中我们常用于表示图像的像素值，这个值是经过量化后的整数值，量化深度一般有8位、10位、12位、14位和16位，对应的灰度级为2^n，n为量化深度。可见光成像器件多用8位和10位，更高质量的会用到16位，而红外焦平面阵列多用14位量化。

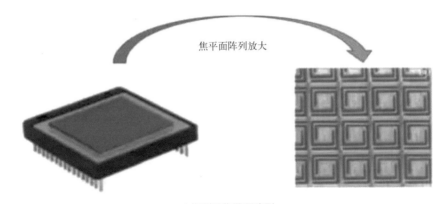

焦平面阵列放大

▲探测器焦平面阵列

成像探测器与生物眼的不同点主要可以分为以下几个方面：

首先，阵列型探测器的形态是固态的平面分布，叫作焦平面阵列。很显然，这一点跟人眼有很大不同。

其次，目前的探测器采样都是按照奈奎斯特采样定理做的均匀采样，每个像元尺寸都是相同的，这与视网膜不同。

然后，探测器接收的是某个波段光的强度，可见光波段加上拜耳滤片可以解译出彩色信息，这也与人眼视网膜细胞不尽相同，与虾蛄威猛无比的眼睛相比，更是相差甚远。

最后，再补充一点，由于制造工艺的问题，探测器里还有个填充系数这样的东西，整个像元尺寸并不都是感光面的尺寸，还要继续缩水。

当然，这几年探测器的发展还是非常快的，但主要还是在提高响应灵敏度和信噪比方面，更进一步地有高动态范围探测器以及事件相机，后者实际上是在现有的探测器基础上做了后期的数据处理，谈不上对探测器的改进。

3. 什么是计算探测器

计算探测器是根据计算光学成像思想设计的，具备空间、时间和物理多维度投影功能的探测器。

简单来讲：不同于现有探测器形态的都可以归类于计算探测器。但这样讲，太简单粗暴，我们还是从探测器的**采样、量化、灵敏度、信噪比、面型、波段、像元类型和多物理量场**这些要素来分析，简单分成几个类别。

（1）非均匀采样探测器

既然奈奎斯特采样存在不分青红皂白地将目标与背景一视同仁均匀采样的特点，带来的问题是想看的看不清楚，不想要的却采了一大堆，怎么办？加长焦镜头，减小视场，那又带来了体积、重量和成本等问题。而且，单纯地靠增大口径、增长焦距是存在边界效应的，并不能带来线性的结果，代价越来越高。

▲焦距、口径与视场的大小

那怎么办？压缩感知匆匆地来了，又匆匆地走了！我们看看压缩感知为啥行，为啥又不行。行，那是数学上，压缩感知理论告诉我们：当一维信号是稀疏的或者能稀疏表示的，采用欠采样的随机采样时仍能最大概率地恢复信号。多振奋人心啊！可是，你看看这里的约束条件可不少：稀疏、随机采样，而且非常严谨地告诉你：最大概率！这在工程上其实是很残酷的。

首先，图像一般不是稀疏的，但你硬说经过小波变换可以稀疏表示，好，那接着看"随机采样"这个东西,在工程上可没那么好玩,怎么办?于是古老的单像素成像技术化了一身压缩感知的妆之后粉墨登场了,可以用DMD等手段做随机采样,然后重建图像。这可急坏了阵列探测器:"老兄,明明是我先进,取代了你的扫描模式,可以凝视高速率成像,这么先进的技术竟然被你披了一身压缩感知的外衣给打败了,怎么能心甘?"可是,在阵列探测器上做随机采样还真有些难搞,竟然还真的是"输"了。但我们再仔细琢磨,"最大概率"也是个新东西:"什么?不是100%恢复原信号?这不就是不靠谱的另一种表述吗?"

在应用中,面阵探测器当然是王道,毫无疑问!压缩感知的路不行,那就试试其他的路,可惜,走这条路的人很少,靠探测器吃饭的人不愿意去冒险,冒险的人想干,却没有条件。

真的无路可走吗?当然不是,需要我们去探索,其实核心还是光场的映射问题。

我们大胆想象一下:未来,材料和加工工艺的发展有可能让我们做出可编程的探测器,不仅可以对像素进行编程,而且可以对像元空间位置编程,这时候,当我们想看得更清楚的时候,就有可能出现"Floating"的聚集像元,达到人眼"黄斑"的效果。

(2)超高动态范围探测器

人的眼睛在高亮背景下看不清东西的时候,眨眨眼、眯眯眼,好像就能适应环境了,而我们的相机却经常从暗到亮或从亮到暗,都有一个看不清的过程,无法适应高动态范围的环境。如果说对着太阳成像,那几乎是痴人说梦。

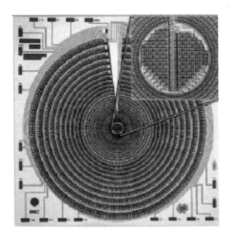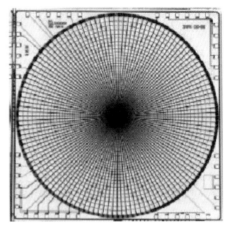

▲仿视网膜分布的非均匀CCD与CMOS芯片

可是，大科学家都有迎难而上的精神，于是就有了高动态范围的探测器出现，当然这里还有很多问题。高动态实际上应对的是线性量化带来的问题。尽管，我们可以做14位甚至16位的量化，但是要应对120dB甚至更高的动态范围的场景，还是捉襟见肘。**常见的办法就是在时间域上解决问题，也就是依靠多帧拍摄拓展动态范围，现在苹果、华为等各家智能手机的夜间拍摄功能都是采取了类似的解决方式。**当在低维度无法解决问题的时候，我们就会在高维度寻找答案，这个惯性一直存在，可是我们往往习以为常。有报道一款199dB的探测器，能在时间上动态地调控像元的光电增强与抑制能力，但是它的像元阵列为8×8，积分时间需要1分钟，仅仅是实验室验证而已[51]。

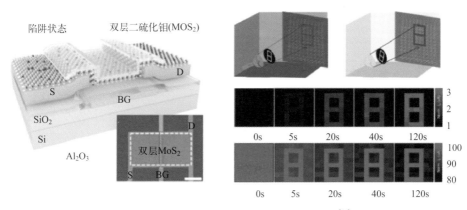

▲基于二硫化钼光电晶体管的仿生物视觉传感器[51]

（3）极低信噪比探测器

在成像探测中，我们目前的水平是在信噪比为3～5dB时能够较高概率地检测跟踪目标。这说明什么？信噪比越高，意味着同等条件下的探测距离越近。要想看得更远，需要探测更低信噪比的信号。信噪比为1时，意味着信号和噪声强度相同，难以区分。那就意味着，信噪比降到0甚至是负数时，信号比噪声要弱很多。想要探测出信号，在现有的维度上是不可能的。那怎么办？**计算成像的思想就是升维！**哪些维度可以用呢？时间、光谱、偏振，似乎都可以，好像也都不行。那么，路在哪里？路当然有，其实又回归到了前文的《光场：计算光学的灵魂》，我们需要找到映射的方法。如果我们有极低信噪比探测器的话，那么，目标探测距离就会大幅度提升。

（4）多物理量探测器

自从150多年前麦克斯韦预言光是一种电磁波开始，人们就认识到了振幅、偏振、相位、频率是光波的基本参量。但如同我们的眼睛一样，目前的光电成像探测器只能探测强度信息，无法获取光谱、偏振、相位等其他多维物理量，造成成像过程中光场信息的丢失。为探测除强度外的其他光场信息，人们大都需要在光探测器前增加一些分立元件，这种方式治标不治本，人们迫切渴求多物理量探测器的出现。

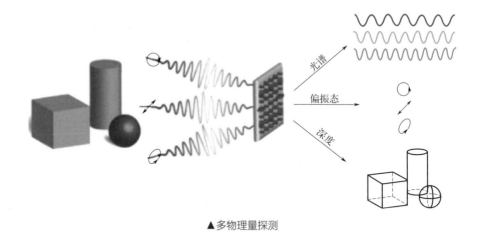

▲多物理量探测

多物理量探测器可以说道路曲折且漫长，问题主要有两个：

① 手段不多，这是能力问题。目前，我们知道的偏振探测器就属于这一类，当然，还应该有光谱探测器。Sony公司是先行者，明知偏振探测器前景不明朗，依然推出了令人振奋的高性能偏振成像探测器。光谱方面也有多个研究单位在探索，尤其是结合微纳光学技术，出现了量子点多光谱探测器以及矢量量子点多光谱探测器，但这些还都是在平面探测器的基础上做了一些类似镀膜等工作，没有本质上的改进。

② 不愿去做，这是态度问题。投资商看不清楚形势的时候、不会贸然投资。这时候，科学家要顶住，要坚持，哪怕一点点的进步都会推动技术的发展。

（5）曲面探测器

曲面探测器在国内是典型的千呼万唤不愿做！

从人眼的结构可以很容易看到，采用曲面的探测器结构（对应视网膜），光学系统将会变得简单很多，这一点，我们从光学系统设计就能体会到，当我们将像投到平面的探测器时，需要付出的代价就是要加镜片消除场曲，尤其是在设计大广角和鱼眼镜头时，这个代价会更高。举一个特殊情况的例子——球透镜。一个球透镜（其实就是一个玻璃球，当然我们可以设计成多层结构来优化像差）成的像是一个曲面的，如果有一个半球形的探测器，那么180°×180°视场将会很完美地呈现在你的眼前！可惜，这样的探测器我们没有。美国DARPA已经支持过多个曲面探测器的项目，其中FOCII支持两款分别是12.5°和75°曲率半径的红外曲面探测器。这个例子同时也告诉我们：曲面探测器存在一个缺点，那就是需要镜头与该曲率进行匹配。这其实也传递了另外一个信号：曲面探测器从来都是与光学系统关联在一起的，未来的曲面探测器很有可能与光学系统集成在一起，然后与外置光学系统联合工作，完成不同焦距、不同视场的成像。

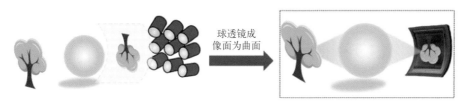

球透镜成
像面为曲面

▲曲面探测器

目前，Sony和Canon等公司发布了多款曲面探测器和相应的曲面镜头专利，从专利上来看，曲面探测器起到的作用是：①很容易做更大的光圈；②简化光学系统，体积更小。这对于SWaP设计非常重要！

（6）光场映射探测器

光场映射探测器是一个很宽泛的概念，不同于上述几个探测器模型，它是建立在光场感知与映射模型的基础上，也就是前文所说的：光场是计算成像的灵魂。传统成像都是建立在简单的空间、时间和光谱维的坐标映射关系上，非常像笛卡尔坐标系看立体空间，而光场映射则是建立在变换域上，不再是简单的时空和光谱维度映射，而是变换在其他域中，类似PCA（主成分分析）一样寻找最佳投影量，以达到"更高、更远、更小、更广和更强"的目标。

因为我们大多习惯处于低维度空间，对变换域这样的东西更是难以理解，不愿去探索，但伟大的事业从来都不是跟着别人的步伐，勇者更愿意披荆斩棘，开拓一条新的道路。我相信，这个工作很有创造性，空间很大，能做的事情很多，一定会开辟出一片新天地。

（7）感存算一体探测器

在绝大多数人的认知里，探测器仅仅是一个获取信息的工具，现在传统的成像探测系统包括图像传感器、图像处理单元和存储单元，三者在物理空间上分离，各自为营。在日常小数据量的摄影应用中，这种架构是没问题的，但当做数据量很大的运算时（例如光谱分析等）我们能发现，存储器和计算之间的数据瓶颈占了资源运算的90%以上，而运算过程中传感器和芯片的数据通路占了其他90%以上的运算资源、时间以及功耗。也就是说，在先进工艺的情况下，运算瓶颈不再是计算本身，而是在各个不同模块之间的数据搬运上，比如传感器到存储器到存储机到计算单元都有各种的数据瓶颈。这种情况下，对感存算一体架构的探测器需求尤为迫切，特别是在计算成像中如何去"计算"利用获得的信息是极为关键的，有的人也会称这种探测器是"软件定义"的探测器，我觉得这种说法还是存在片面性，更贴切的说法应该是"软件与硬件联合定义"的探测器。

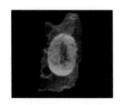

二维图像信息　　　几何信息 相位信息　　计算成像　　重建　　更丰富的三维图像信息

▲信息计算解译

虽然感存算一体探测器可以有效地降低能耗与时耗，实现高速并且复杂的视觉信号处理功能，然而目前它的发展还处于起步阶段，能拿得出手的成果可能仅有事件相机这一种，还只是处于具备简单的感知存储一体化，或感知存储一体化加简单处理的阶段，尚未形成真正意义的感存算一体化。未来需要从结合多维度信息获取、基础架构、算法系统等多个层面协同创新，才能开发高能效的新型计算成像探测系统，可能有一天我们的计算探测器再也不用背负一台计算机或者处理器才能工作了。

4. 探测器的未来是什么

探测器的未来是什么？答案似乎很简单：更强大！但怎么定义"强大"？

"强大"可以体现在以下几个方面：①更大像素规模的探测器；②更小尺寸的探测器；③探测灵敏度更高；④更灵活的工作机制；⑤更强的光场表示……

美国NASA报道了全球最大的相机：大型综合巡天望远镜（Large Synoptic Survey Telescope），这个相机由189片探测器拼接组成，32亿像素。为什么不做更大的探测器呢？主要原因还是用量太少，制造和工艺难度都很大。如果我们有新的工艺和新的材料，也许能做出更大尺寸的探测器，而不再受制于拼接的难度，焦面的调节精度必须控制在纳米量级。

▲ 大型综合巡天望远镜

怎么看更小呢？尺寸小、像元小，这样的探测器更容易做成光学"粉尘"，布撒在山川、河流、森林和人体中，它们的威力是巨大的，你想象不到的那种！

更高的探测器灵敏度无需再解释了。

更灵活的工作机制，正如前文所述，我们需要更强大的仿生学原理支持，做出"黄斑"、曲面、多物理量等的感知，典型如虾蛄；当然还有"永不失焦"的相位强大感知系统，轻松应对交会的宝贵几分钟甚至几秒，呈现清晰的图像。

更强的光场表示在前面已解释了很多，这是最有潜力的发展方向，能玩出的花样多不胜数，但前提是确实对全光场到变换域的投影理解至深，这其实是门槛。我非常愿意去推动这方面工作的研究。

5. 总结

探测器其实是一个综合学科。从传统来看，属于电子科学与技术下属的物理电子学二级学科，但到了计算成像时代，它离不开材料、微电子、集成电路、数学和信息这些学科的支撑。现今世界，可以做探测器的材料越来越多，工艺越来越完备，微纳光学技术发展越来越快，集成光子技术也越来越近，但光有这些还不够，还需要计算成像非线性模型和光场映射方法，其实是要将物理问题描述成数学问题，这时候，才是计算探测器全面发展的时机。

这条路很长，很难，但很值得。

深度学习：
你行不行

王语嫣教授终于靠武林秘籍这个大数据发表了多篇CNS论文，一路披荆斩棘获得了杰青资助，题目："深度学习与计算成像之异构体系"。人气日益升高。可是计算成像的元老级人物、大理研究院院长段元庆可不买她的账。他很讨厌这个小丫头，一方面是王语嫣的论文很多，说得头头是道，实用性却不高；另一方面，他儿子段誉那么喜欢她，可是她却非常冷漠地对待段誉。

最近慕容复的"还以彼身"之术在深度学习和大数据的支持下越来越厉害，甚至江湖上传说他已然超越了"不深度学习"的丏丏（miǎn）所所长乔峰，这让他觉得恢复大燕之事应该提到日程上了。可是，他心里也不踏实，尽管其"还以彼身"之术进步颇快，但是对数据的依赖却越来越严重，而且，当样本积累到一定程度后，他发现，再增加样本也基本上没什么提升，甚至停滞不前。

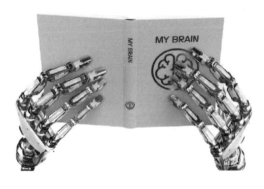

慕容复孤傲，不想跟别人讨论，学术会议只听不说，给人感觉很神秘。孤独的时候，他就会想起王语嫣，毕竟，她的样本库太丰富了，如果能迁移到他的库中，该有多好。乔峰也确实是他心中大患，这人论文不多，可是却在航天、航空甚至手机领域里都在推广计算成像的应用，能不能打得过他，他心虚得紧。深度学习这么热，本该去追追热点，乔所长却似乎像个局外人，每次问起，他都说计算成像还是要在应用中才能发现问题，他这么做也都是为了丏丏所的发展。

深度学习在计算成像中到底行不行呢？

1. 源起

·江南小镇

鲁镇大学的孔乙己教授在酒吧中一边喝着酒，一边用手蘸着水在桌子上写字，并对旁边的众孩童道："深度学习有CNN、DNN、RNN、GAN…其实呢，机器学习是实现人工智能的一种手段，而深度学习呢，是机器学习的分支。"酒保抢白了一句："CNN、RNN、GAN不都属于DNN吗？"孔教授不悦，排出几文大钱，对酒保道："再打一壶酒。"接着说："深度学习遵循仿生学，源自神经元以及神经网络的研究，能够模仿人类神经网络传输和接收信号的方式，进而达到学习人类的思维方式之目的。"

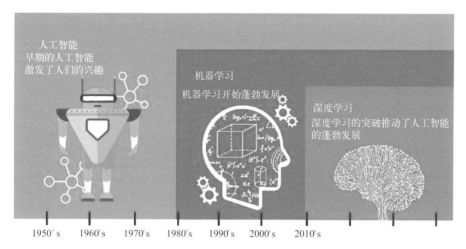

▲人工智能、机器学习与深度学习

旁边的一个小孩问道："深度学习到底有几层网络？"这时，孔乙己面露不悦，说："多乎哉，不多也！"

一个少年问他："深度学习能提高成像分辨率吗？"孔乙己脸色涨红……

·漠上星宿

星宿海大学的准聘副教授阿紫望着铁头阿丑游坦之发怔，这个家伙虽然丑，但小样本学习能力特别强，比起江湖上的那些专家似乎一点都不弱，而且，他的学习迁移能力似乎已到了潜移默化的地步，姐夫乔峰也未必能敌得过。想到这里，她恨恨的。编码热的时候，她选了一个热门的方向，一路上

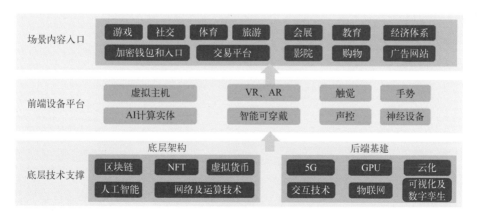

▲元宇宙生态版图

也发了很多一区论文。可是，如今学术界的热点是深度学习，还有元宇宙。可是，元宇宙到底是个什么东西，师傅总是说不清楚，他的江湖地位似乎低了不少；问姐夫，他却不愿意说一个字。眼看着王语嫣的风头一浪高过一浪，阿紫心里愈发着急，毕竟星宿海大学非升即走的压力太大了，她忘不了大师兄摘星子悲惨离开的那一情景。

·南疆大理

王语嫣自从在杭州的计算成像大会上遇到慕容复之后，就跟随着表哥一路讲学来到了大理。这一路上，她的表现确实不俗，她从母亲王夫人那里读的那些武林秘籍确实对她的样本训练起了很大的作用，毕竟，很少人有机会能接触到这些数据。有了这些数据，就意味着占据了深度学习的制高点，毕竟这个深度学习是数据依赖型的。

此时的慕容复已然天下第一的样子，就连鸠摩智见了他也有些发怵。在大理的对决中，鸠摩智确实没占到什么便宜，当他使出小无相功时，王语嫣及时从她的样本库中检索出了应对之招，慕容复的"斗转星移"差点就点中了鸠摩智的要穴。也就是这个时候，慕容复越发觉得他已离不开表妹。

当有一天，慕容复与段元庆交手时，却意外发现王语嫣的样本学习压根就用不上了，在强敌面前迁移能力几乎为0。段元庆虽然"深度不学习"，可是基本功实在很扎实，一眼就能洞穿王语嫣深度学习的命门所在，破坏边界条件，让慕容复顿觉气息不畅，似要发疯，差点自刎。

·西北大夏

今年夏天热透了，西夏大学校园中的狗即使趴在空调房里，依然还吐着舌头。童姥院士正带着博士生虚竹在攻克计算成像之基础理论。

这小子虽然笨，却肯下功夫，把量子力学都啃下来了，最近在钻研计算成像中的信息传递问题。

·东京汴梁

汴京城热闹非凡，不仅GDP傲人，而且科技方面也居引领地位。蔡太师大寿之日，有人提议搞个"科技大比武"活动，选题就是"水下之远距离光学成像"，太师应允。于是，这几天各路教授齐聚汴京城。与乔峰持不同意见者全冠清新近从丐丐研究所加盟到汴京大学，拿下了这个项目。他最近发了几篇深度学习的顶级会议论文，得意至极，跟随者众。

不服的人是有的，慕容复就不服，他本来想借着这个项目能够圆梦——梦回大燕。

有人问及乔峰时，他只谈技术：这事难度太大了，不从理论上入手，单纯靠深度学习肯定不行。你学了拍虾，拿去拍鱼肯定不行；再来一个鲎（hòu），肯定立马蒙头转向。现在的深度学习在样本依赖性上和学习迁移能力等方面还差得远。深度学习是很好的一个工具，扬长避短，发挥它的作用，那是最好不过的。凡事都有边界条件，逾了界，就不成立了。

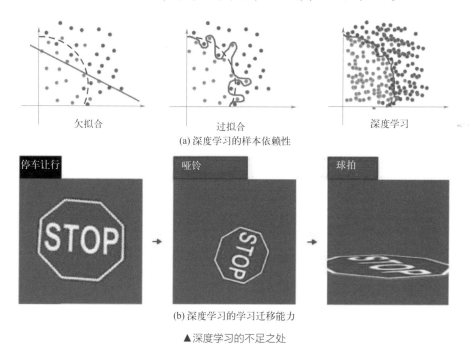

(a)深度学习的样本依赖性

(b)深度学习的学习迁移能力

▲深度学习的不足之处

2. 兴盛

·小试牛刀

当散射成像如火如荼，大家都在研究光学记忆效应怎么拓展、怎么实现宽光谱成像时，王语嫣写了一篇公众号文章《深度学习轻易透视毛玻璃，穿云透雾已不是梦想》。吓得汴京城有钱人家把厕所的毛玻璃都换掉了，连走路都怕被别人透视了。不明真相的群众普遍认为深度学习太可怕了！

紧接着，王语嫣又发表了一篇文章《深度学习之超视距水下成像》，让她声名鹊起。段誉教授发文要突破100倍光学厚度成像这样的难题，语嫣教授的深度学习利剑一挥，便不是什么问题了，大理学院愿意高薪聘请王语嫣教授做大理杰出领军学者。

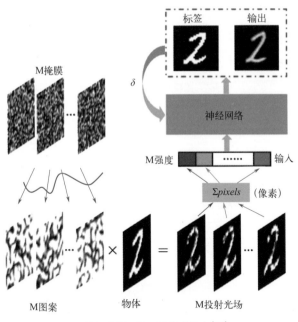

▲将深度学习用于计算成像上^[52]

慕容复了解王语嫣的根底，其实她做的散射成像学都是1、2、3、4这些阿拉伯数字，再复杂一点的就是字母，再难一点的就是加点手写体，要是换成了汉字或者别的之类的，压根什么都成不出来。他嘲笑那些换厕所毛玻璃的人，别说透视，里面到底是男是女都分不清楚。

·一鸣惊人

吐蕃明王鸠摩智绝对是计算成像界之奇才，身为吐蕃研究院院长的他不仅聪明好学，而且领悟能力极强。但他有个毛病，虽为僧人，却争强好斗，从不甘人后。本来呢，他的无相编码成像技术已经登峰造极，可是他却觊觎其他学派的技术，通过各种方法，把能学的都学了，更过分的是他竟然想逼迫王语嫣交出深度学习的样本。

最让明王扬名的是他到大理学院与枯荣等专家切磋三维成像技术，其实他早就想得到大理学院的六脉扫描量子成像技术了，可是这些专家从来不发论文、不写专利，就连技术也是只传段氏子孙！明王的被动无相三维成像技术其实已经非常厉害了，只是跟六脉扫描量子这类主动成像技术比精度上确实差了不少。为此，他费了很多脑筋。这次，他说："如今是深度学习的天下了，你演示一遍六脉扫描技术，我就能学会。我现在的小样本学习技术天下一流，无人能比。"说着就动手了。枯荣一看，这还了得，我虽不怕，但这门技术还没有传给下一代啊！于是上当，被迫当场演练起来。可惜鸠摩智的深度学习刚开

▲迁移学习

机，显卡都快烧了，只记了个大概。于是，他使出无相三维成像技术，经过渲染，结果确实比大理学院的好多了。

· 拍案惊奇

全冠清自从拿下了国家级课题之后，从海内外引进了一批人才，在小样本学习和深度迁移学习方面做了大量的研究，购置了巨型计算机，据说开机的功率能推动大型火箭发射5次。全教授说，他的计算机超算能力足以让一个16×16像素的图标图像变成8K×8K的超高清图像，毫无违和感。高太尉很多球友纷纷去实验，果不其然，太尉那个16×16像素、压根什么都看不出来的图像竟然在一声轰鸣中出现了8K×8K的超高清图像，甚至还是立体的。这帮球友直叫绝！

▼小样本学习方法优缺点对比

	分类	优点	缺点
基于模型微调		操作简单，只需要重新调整模型的参数	在目标数据集和源数据集不类似的情况下，会导致模型在目标数据集上过拟合
基于数据增强	基于无标注数据	不需要对模型进行调整，只需要利用辅助数据或者辅助信息扩充数据或增强特征	有可能引入许多噪声数据或者特征，对分类效果产生负面影响
	基于数据合成		
	基于特征增强		
基于迁移学习	基于度量学习	便于计算和公式化	在样本数量较少的情况下，简单通过距离衡量相似度的方法，准确率会有所降低
	基于元学习	使模型具有学习能力，能够学习到一些训练过程之外的知识	复杂度较高，由于最近几年才兴起，需要改进和发展的方面还有很多
	基于图神经网络	性能较好，可解释性强，展示更为直观	当样本总数变大时，图神经网络中边的数量会变多，导致计算复杂度变高

"科技大比武"项目验收那天，汴京城热得很。高太尉下令让百姓停电，以保障全教授的项目验收。要知道，多少次拉闸限电都让全冠清损失惨重，

显卡烧了很多不说，数据计算得重新再来啊！这一次，全教授万事俱备，事先准备好了各种水下的场景，在众专家的努力下，结论是：项目突破了118.9倍光学厚度成像，各项指标全面领先，属于国际领先水平。

3. 失败

·高手对决

成像分辨率是光电成像永恒的主题。为了看得更清楚，主动的、被动的、合成孔径的、扫描的……各种超分辨率的招数都能使出来。萧远山和慕容博都是这方面的高手，他们俩的技术本不分伯仲，申请个项目，建个团队，转化个专利，都非难事。可是，他们都太有追求了！

这两大高手偷偷潜入少林达摩院，想要窃取不同技术样本。当他们看到易筋经超分辨率成像技术时，简直如获至宝。他们不管达摩院里的样本有用没用，也不顾顺序，统统输入学习库中。别说，这些样本输入进去之后确实奏效，成像分辨率提升特别快，这让他俩欣喜若狂。不过，他们也发现，这个深度学习方法虽好，但随着样本的增多却出现了疲态，效能提升很慢，甚至出现了副作用——伪像越来越严重，怎么看都像是假的！最可笑的是，有一次慕容博在演示拍月亮的时候，月亮清晰的环形山上居然出现了一只兔子！正当萧远山忍不住大笑时，他的拍摄结果却是月亮上竟然不仅有玉兔，还有嫦娥！

这事让鸠摩智笑岔了气。

·命悬一线

明王最近却不顺。他号称精通少林达摩院的72超分辨绝技，在分别展示了72绝技中的"摩诃"编码、"般若"照明、"大金刚"共聚焦、"袈裟伏魔"频率拓展，以"拈花"编码技术完胜玄渡后，更是让人觉得他的深度学习能力深不可测。可是，虚竹就看出了他实际上使的是小无相超分辨率算法，只是学习能力过于强大，天赋之高，的确让人咋舌！

明王自恃功高，想依靠精深的超分辨率绝技赢得重大研发计划"极端超分辨率成像方法"以扬名天下。他一路过五关斩六将，进入了决赛的试验比测阶段。比测似乎一切都很顺利，他似乎已经可以笑傲江湖了，可是就在最后一个环节，拍摄尼安德特人的视觉神经元时，一个诡异的现象出现了：这个神经元清晰得前无古人，几乎可以无穷尽地放大！放大！放大！太刺激了！正当大家觉得不可思议的时候，鸠摩智分明看得那神经元上满满地写着

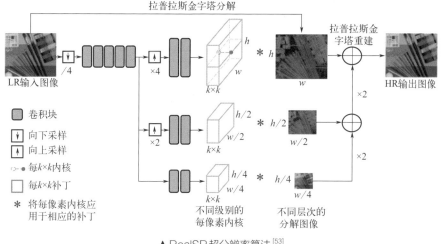

拉普拉斯金字塔分解

拉普拉斯金字塔重建

LR输入图像　　　　　　　　　　　　　　　　　　　　　　　HR输出图像

- 卷积块
- 向下采样
- 向上采样
- 每k×k内核
- 每k×k补丁
- ＊ 将每像素内核应用于相应的补丁

不同级别的每像素内核　　不同层次的分解图像

▲ RealSR超分辨率算法[53]

篆体字，他作为国师，当然识得，竟然写着："天龙八部、人与非人，皆遥见彼龙女成佛……"

·拨云见日

少林达摩院的一个扫地的老头，边扫着地边对萧远山、慕容博、鸠摩智说："深度学习是很好的！只是有很多人过度鼓吹，也有人在妖化，这些态度都是不对的。

"首先，我们应该看到，深度学习是一个很好的工具，在边界条件满足的情况下，它从来没有让你失望过。比如在成像领域，如果针对人脸成像等一些专门应用场景，它能提供更高的成像分辨率，更好的成像效果，甚至能弥补强光干扰下产生的缺陷。如果我们能把这个工具用好，很多非线性的问题都会应运而解。

"但是，有些做法呢，就得好好去斟酌一下这么做到底对不对。你们看：很多人用深度学习做信号处理时，把一维信号转换成了图像作为输入，很显然，图像是二维信号，这种升维有道理吗？很多人说，这些方法确实有效，可是，有效并不意味着达到了最好的水平，那只是比原先好而已。想一想，他们为什么这么做？还不是因为CNN这样的网络对图像很有效，说白了，它就是建立在视觉的基础上。再往深里说一点，深度学习只适合处理二维数据，当有三维的点云时，现在的办法都是将深度信息降维映射为灰度反映在图像中，这又无端地降维处理了。你想想，把一个一维信号几乎没有理论根据地转换为图像数据，就跟多年前做压缩感知的人硬是把图像矩阵'拉直'成一个向量一样，这种降维方式肯定会破坏原先的空间关系，可是，在图像处理和成像方面似乎还用得不错，那是因为图像数据再进入眼睛时，大脑会重新加工，掩盖了很多寄生缺陷。就像医院检查色盲的那些小卡片，人眼解决那些干扰几乎没什么问题。

"深度学习好是好，却不能无限放大，就说它存在的几个毛病吧：

"① 只能根据既有的数据来学习，不会判断数据正确性。深度学习只相信它在数据中频繁看到的事物、底层模式和趋势，因此它会放大人类社会的偏见和问题。如果数据显示被逮捕的某一种肤色的人比较多，那么一旦有人犯罪，深度学习将首先怀疑这种肤色的人。

"② 无法修正学习结果，除非重新训练。月亮上出现玉兔和嫦娥都是因为你们输入了不该学习的样本，而你们没有重新训练。

"③ 无法解释做出的决策。深度学习没有逻辑可言，也不会讲道理。举例来讲，银行每个月给你寄一个'欠款0元'的欠费单，如果你不理会，它每月都会给你寄；'正确'的做法是你支付一个0元的支票，从此就不会再收到此账单了。这就是计算机的逻辑。

"④ 应用市场较狭窄。除了在艺术、游戏或高级幽默以外的领域，使用深度学习都有法律风险。目前只有图像识别和游戏方面做得还不错。在伦理方面它肯定不行。在成像方面，做某一类的成像应用效果会非常好，可是，深度学习迁移能力不强。要做得好，需要大数据支撑，而世界是无穷的，用有穷的去枚举无穷，哲学上是说不通的……"

4. 求败

虚竹顺利拿到博士学位，论文题目是"计算成像之信息传递模型"。

王语嫣教授嫁给了慕容复，依靠着她的杰青头衔被聘为阴山大学领军教授。她最喜欢的是孙女慕容燕，这个小女孩太像自己了，这也让她颇为担心。

果不其然，慕容燕被风流倜傥的黄药师欺骗，她伤心至极，在喝下了"醉生梦死"之酒后，幡然醒悟。经过深度思考后，慕容燕来到东海之滨，开始潜心钻研计算成像基础理论，她没有否定深度学习，而是把深度学习作为一种非线性的推演工具，同时翻阅了大量的物理、数学和信息论的书籍，甚至读了大量的哲学经典，融会贯通，终于练就了"无招胜有招"的独孤九剑之计算成像理论，自此江湖无敌，号"独孤求败"。

超分辨率，到底超了谁

当朋友通过微信给你发了一张感兴趣的照片时，你会不自觉地用两只手指做放大动作，看得不过瘾时，恨不得按住屏幕使劲放大、放大、放大……可是这些照片总有一个放大的限度。

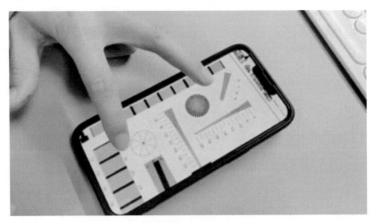

▲图片的分辨率

在电影大片中，经常会看到间谍卫星跟踪嫌犯的场景，特工肆意放大卫星图像，再放大一点，嫌犯脸上的刺青都能看清楚。但，这是电影。

近几十年，超分辨率火得不得了。图像处理领域的学者提出了一大堆超分辨率重建的算法，检索此类论文的容量估计能占满你的硬盘；成像领域的学者也不甘落后，设计出大量的超分辨成像方法，更有超衍射极限的说法。可是，一旦提到超衍射极限，马上就有很多人站出来质问："什么是衍射极限？你怎么就超了衍射极限？"于是，辩论顿起，谁都有理，谁都不服谁……

曾几何时，你要是做了一个图像的超分辨率算法展示给光学专家看，大概率会得到一个直射灵魂深处的眼神：你那是个假分辨率！

为什么会有这么多争议？分辨率是成像领域永恒的主题，各种超分辨率方法层出不穷。光学中有超分辨率的说法，图像处理中也有。本来各自相安无事，可是到了学科交叉的时候，这种井水不犯河水的格局即被打破，原先各表一方的说辞已收不住场，铺天盖地的超分辨率让很多人混淆了概念。其实在概念上本来是很简单的一件事，对图像而言，是超分辨率重建；对成像而言，是超分辨率成像。

那么，什么是分辨率呢？什么又是超分辨率？为什么可以超分辨率？又为什么要超分辨率？本篇将从物理的角度和信号处理的角度来解释超分辨率，明确到底是超了谁的分辨率，以及还有哪些手段可以超分辨率。

1. 分辨率的定义

分辨率的英文为Resolution，翻开Merriam-Webster词典，其解释为："a measure of the sharpness of an image or of the fineness with which a device(such as a video display, printer, or scanner)can produce or record such an image usually expressed as the total number or density of pixels in the image." Longman 词典 App 对分辨率的解释为："the power of a television, camara, microscope etc to give a clear picture." 根据这两本经典的词典，"分辨率"是一个泛指图像清晰程度或者图像输出设备解析能力的词，其实就是我们经常说的空间分辨率。

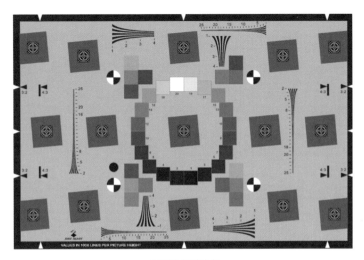

▲ 分辨率测试卡

那马上就有人问了，是不是还有其他的分辨率？当然，凡是能度量的量都存在分辨率，比如时间、空间、光谱、辐射量，等等，都是成像中会遇到的分辨率。而我们常说的分辨率，没有特别限定的话就是指空间分辨率。

那什么是空间分辨率呢？**空间分辨率简单讲就是单位长度内拥有多少个采样点，采样点越多，分辨率越高。**举个例子：1mm的长度采样1000点，那每个点就是1μm，这时候我们就可以说其空间分辨率是1μm。对于侦察卫星而言，经常会出现10m、2m、1m、0.5m甚至0.1m的分辨率，就是指对地观测时的空间分辨率，对于0.1m的精度来说，一辆汽车约有20×40像素。

聪明的读者马上就会想到：那么，提高采样频率，不就能提高空间分辨率了吗？其实，科技工作者就是这么做的，我们的手机像素数越来越高，像元越来越小，其实就是提高了采样频率。那问题马上又来了，是不是可以无

▲卫星探测地球图像

限地靠增加采样频率提高空间分辨率呢？这时候，物理学家躲在旁边笑了：你知道衍射极限吗？而这里的故事有很多，**超采样**也在很多场合里有应用，尤其是在航天航空领域的红外成像系统，很多时候红外光学系统的弥散斑已超过了像元尺寸大小，这就是典型的超采样。

说到衍射极限，相信很多人脑子里都有一笔糊涂账，下面尝试着梳理一下艾里斑、阿贝极限和瑞利判据的关系。

2. 衍射极限与分辨率

英国皇家天文学家乔治·比德尔·艾里（George Biddell Airy）是第一个明确给出衍射极限的科学家。1835年，他在一篇"On the Diffraction of an Object-glass with Circular Aperture"的论文中对圆孔衍射进行了理论解释。当点光源经过光学衍射受限系统（可以是透镜，也可以是一个圆形孔径）后，由于光波衍射的影响，所成的像不是一个理想的点，而是一个明暗相间的圆形光斑，其中以第一暗环为界限的中央亮斑称作艾里斑。我们现在都知道，根据傅里叶光学，这个著名的艾里斑其实对一个圆斑（其实就是圆形光阑）做傅里叶变换就能得到。

艾里在论文中给出了圆孔衍射的强

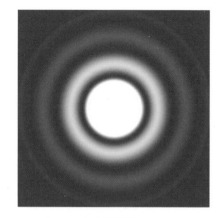

▲艾里斑

度分布所满足的条件，特别的，当中央亮斑的强度第一次衰减至零时，即第一暗斑出现的位置，满足：$s=2.76/r$，式中，s表示中央亮斑相对透镜孔径中心的最小张角，单位为角秒；r表示透镜的半径，单位为英寸，该式是以可见光波长的平均值560纳米或者0.000022英寸计算的。

1873年，德国物理学家恩斯特·阿贝（Ernst Abbe）发现了显微镜分辨率极限的公式，被叫作阿贝极限，定义为：

$$\delta=0.5\frac{\lambda}{n\sin\alpha}=0.5\frac{\lambda}{NA}$$

式中，λ是光波长；n是样品与显微物镜之间介质的折射率；α是显微物镜的孔径角，数值孔径$NA=n\sin\alpha$。阿贝是定义数值孔径这一术语的首位科学家。

1896年，英国的瑞利男爵三世（原名：John William Strutt）以艾里的理论为基础，做了进一步延伸，创造了"瑞利判据"理论（Rayleigh Criterion）。具体定义如下：

如果一个点光源衍射图像的中央最亮处刚好与另一个点光源衍射图像的第一个最暗处相重合，认为这两个点光源恰好能被这一光学仪器所分辨。**瑞利判据是第一个明确给出了光学仪器分辨本领的准则**。在此准则下，两点光源对透镜中心的张角称为该光学仪器的最小分辨角$\theta_{Rayleigh}$，单位为弧度，定义为：

$$\theta_{Rayleigh}=1.22\frac{\lambda}{D}$$

式中，λ是光波长；D是透镜的直径。将艾里的理论推导结果与瑞利判据的公式相比较，经过单位归一化后，两者得出的艾里斑角半径完全一样。因此，**为了叙述方便，现在多以瑞利判据给出的最小分辨角公式作为艾里斑的角半径**。

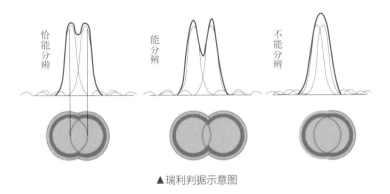

▲瑞利判据示意图

是不是有点乱？确实，很多人分不太清楚阿贝极限和瑞利判据到底有什么区别。

瑞利判据给出的光学仪器的分辨本领是以角分辨率来定义的，但是在实际成像系统中，我们更关心物体的空间分辨率，或者叫线分辨率，用单位长度可分辨的多少个线对来表示。

下图中，y_{min} 表示透镜最小可分辨的物方空间两点的距离；y'_{min} 为像方两点对应的艾里斑的中心间距；u 和 u' 分别表示物方和像方的透镜孔径角，D 为透镜的直径；n 和 n' 分别为物方空间和像方空间的折射率。

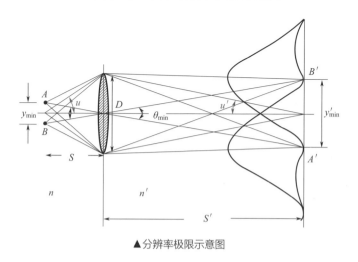

▲分辨率极限示意图

在傍轴条件下，假设 θ 很小，则有 $\theta \approx \sin\theta \approx \tan\theta$，根据瑞利判据：

$$y'_{min} = \theta_{min}S'$$
$$= \frac{1.22\lambda}{D}S'$$
$$\approx \frac{0.61\lambda}{\sin u'}$$

对于显微镜系统来说，系统设计应满足Abbe正弦条件，即 $n y \sin u = y' \sin u'$，又因为显微镜的像方通常为空气，所以：

$$y_{min} = \frac{0.61\lambda}{n \sin u} = \frac{0.61\lambda}{NA}$$

式中，$NA = n\sin u$，就是由阿贝定义的数值孔径。

我们来做个比较：**根据瑞利判据得出的显微镜分辨率公式为**$0.61 = \frac{\lambda}{NA}$，

而阿贝给出的显微镜分辨率为$0.5\dfrac{\lambda}{NA}$，两者大致相当。这也就是为什么我们经常看到不同的论文给出的公式，前面的那个系数会有所不同。

我们来看一个典型的例子，对于天文望远镜系统来说：

$$y'_{min}=\theta_{min}S'=\frac{1.22\lambda}{D}S'$$

由物像关系式$\dfrac{y'_{min}}{y_{min}}=\dfrac{S'}{S}$可知，天文望远镜的空间分辨率为：$y_{min}=S\times1.22\dfrac{\lambda}{D}$，其中，$S$表示物距，对于天文望远镜来说，其实就是卫星距离地面目标的距离。从这个公式中很明显能看出来：空间分辨率受口径D的限制，口径越大，分辨率越高。这也就是为什么要做大口径望远镜的原因。

其实，对于人眼或者手机、单反相机等缩小系统，也可以用上式作为最高空间分辨率的计算公式，也就是说：**瑞利判据基本可以作为目前各类光学仪器的分辨率计算准则。**

▲欧洲极大望远镜

3. 超分辨率与超衍射极限

超分辨率（Super-resolution）是什么？从字面上来看，就是超越了之前的分辨率。那么问题又来了，之前那个分辨率是啥？这个超分辨率与超衍射极限到底是什么关系？

先从光学的角度来看这个问题。每个学过大学物理的人都应该知道衍射极限的存在，"好"学生会牢记衍射极限的存在，而科学家勇攀高峰之精神可不认这个邪，挑战权威是他们典型的思维模式："什么？衍射极限？！超越它！"于是乎，轰轰烈烈的超衍射极限成像技术就拉开了大幕，一拨又一拨的超衍射极限成像方法涌现。

在显微领域里，典型的超衍射极限成像技术主要分为三大类：结构光照明显微成像技术（Structured Illumination Microscopy，SIM）、受激发射损耗显微成像技术（Stimulated Emission Depletion，STED）以及单分子定位显微成像技术（Single Molecule Localization Microscopy，SMLM）。

（1）SIM——频率的搬运工

任何一个光学系统都可以看作一个低通滤波器，其可通过的空间频率带宽由物镜的数值孔径决定，高于这一空间频率的信息都不可以通过。SIM利用特定结构的照明光，在成像过程中把位于物镜收集能力范围之外的一部分高频信息"搬运"到低频区域，也可以理解为将高频结构信息编码至低频的图像中，在成像系统捕捉到样品原有的低频信息和经过"搬运"后的高频信息之后，再利用特定算法将范围内的高频信息"还原"到原始位置，从而扩展通过显微镜系统的样品频域信息，使得重构图像的分辨率超越衍射极限的限制。利用SIM的方法可以提升原有荧光成像系统的分辨率2倍。

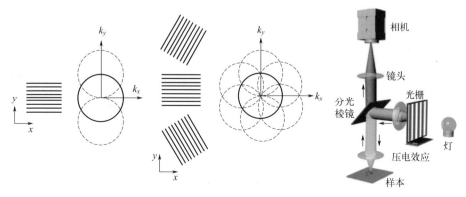

▲结构光照明显微成像

（2）STED——套在光上的"紧箍咒"

点扩散函数描述了成像系统对点光源的响应，如果能够使光学系统的点扩散函数尽可能地接近或成为一个理想的点，则可以使光学系统突破衍射极限。STED基本原理是采用两束激光同时照射样品，其中一束激光用来激发荧光分子，使物镜焦点艾里斑范围内的荧光分子处于激发态。另一束光为损耗光,可以使物镜焦点艾里斑边沿区域处于激发态的荧光分子通过受激辐射损耗过程返回基态而不自发辐射荧光,因此只有中心区域的荧光分子可自发荧光辐射,从而获得超衍射极限的荧光发光点。简单来说,激发光的作用是将荧光分子激活,而损耗光的作用是将荧光猝灭。这种方法通过物理手段减小点扩散函数,使用特殊的荧光材料,是一种直接成像方法,无需后期处理过程,成像结果可靠[54]。但想获得较高的分辨率,就需要以牺牲成像速度和成像视场为代价。该技术的发明者德国马克斯普朗克生化研究所教授Stefan W.Hell获得了2014年诺贝尔化学奖。

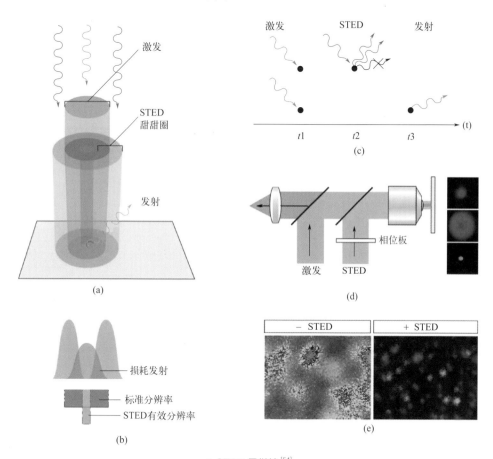

▲ STED显微镜[54]

(3) SMLM——"纠纷"调节者

两个挨得很近的光点会让我们分辨不出谁是谁,那么如果我们分开来看呢?也就是说,当我们照射并观察第一个点时,第二个点并不会发光,自然不会产生艾里斑影响我们观察第一个点,前者艾里斑的中心点位置就是荧光分子的准确位置。接下来，通过某种方法，让第二个点被照亮。这个时候第一个点又不在光斑的照明范围之内了，同样不会干扰对第二个点的观察。通过这种"以时间换空间"的设计，巧妙地绕开了阿贝极限的束缚，将光学显微镜的分辨率大大提高。这类超分辨率方法统称为单分子定位显微术，代表性工作包括光激活局域定位显微成像技术（Photo-activation Localization Microscopy，PALM）以及由华人科学家庄小威院士发明的随机光学重构显微成像技术（Stochastic Optical Reconstruction Microscopy，STORM）[55]，其中PALM的发明者美国霍华德休斯医学研究所教授Eric Betzig以及美国斯坦福大学教授William Moerner也共享了2014年的诺贝尔化学奖。

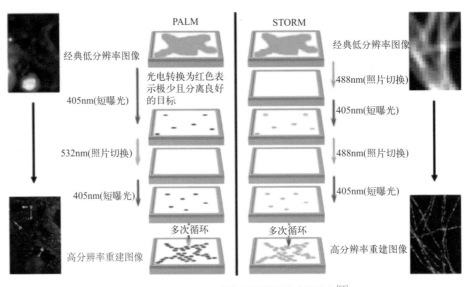

▲ PALM和STORM超衍射极限显微成像技术[55]

超衍射极限方法就这么多吗？多着呢！我们接着看精彩纷呈的光学超分辨率战场。

（4）傅里叶叠层显微（FPM）——多维光场信息应用的开拓者

上面的几种超分辨率显微成像技术主要关注点在于追求分辨率的极限，主要应用场景也是针对生命科学中对极微小物体的观察，其实是牺牲了时间和视场换来的。就光学显微镜系统来说，视场与分辨率是一对此消彼长的矛盾。在显微镜的常规使用中，如何在不牺牲视场的情况下，获取相对更高的分辨率成像效果，也是科学家比较关注的问题。傅里叶叠层显微（Fourier Ptychographic Microscopy，FPM）是一种典型的计算超分辨率显微成像技术，采用可编程LED阵列提供空间不同角度的照明，不同入射角度光波照射

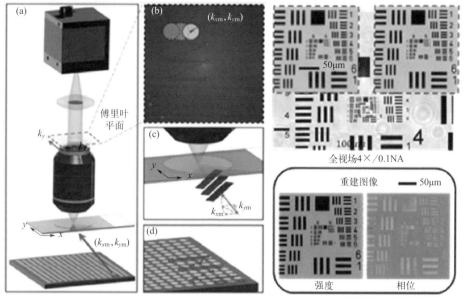

▲ 傅里叶叠层显微[56]

同一样本可以携带样本的不同空间频率成分，依次采集不同角度照明的低分辨率图像之后，将低分辨率图像在频域中进行相位恢复和孔径合成，实现大视场、高空间分辨率的成像效果[56]。这种将样本高频信息编码至低频的图像中，通过光学系统进行孔径合成，实现频谱扩展的思想与SIM也很相似。

（5）基于探测倏逝波的近场超分辨率显微

近场指的是物体表面小于一个波长（或λ/2）尺度范围内的区域，其核

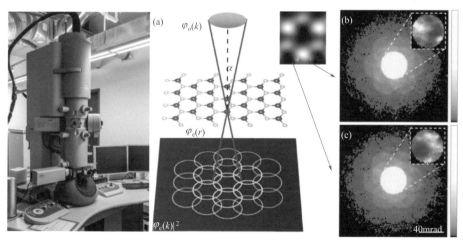

▲ 超分辨率电子叠层显微成像[57]

心问题是对于倏逝波的探测。倏逝波沿着界平面平行的方向会产生光波，其电场及磁场的复振幅随着远离临界面距离的增大而呈现指数级的减小趋势。倏逝波来自物体中的细微结构，近场显微镜的成像原理即通过探针扰动物体表面的局域倏逝波，探针所获得的信息能够反映样品精细结构的局部变化，用探针进行样品表面扫描，就可以得到样品的图像。成像的分辨率取决于探针尖端小孔的直径和样品的间距。近场显微成像技术的典型应用为电子显微镜，具体包括扫描隧道显微镜、原子力显微镜等。2021年，康奈尔大学的陈震利用叠层技术与电子显微镜结合实现了0.02nm的超高分辨率[57]。

（6）基于合成孔径实现超分辨率成像

先来看一下合成孔径的概念。在光学仪器中，孔径是指物镜的直径，它的大小决定收集光能量的能力。雷达波是经过天线辐射出去和接收进来的，天线就相当于光学仪器的物镜，孔径越大，辐射和接收的雷达波能量越大，雷达的作用距离越远、分辨率越高。但在很多场合，例如在飞机或卫星上，雷达天线不可能做得很大，探测目标的距离和分辨率因此受到限制。利用雷达与目标的相对运动，把雷达在不同位置接收到的目标回波信号进行处理，可以使小孔径天线起到大孔径天线的效果，获得很高的目标方位分辨率，这就是合成孔径的含义。

合成孔径雷达（Synthetic Aperture Radar，SAR），是利用合成孔径原理，实现高分辨率的微波成像，具备全天时、全天候、高分辨、大幅宽等多种特点。

▲ NISAR全天候卫星使用两种合成孔径雷达（SAR）来测量地球表面的变化

扩大光学系统口径是提高分辨率的重要途径。但是，随着口径的增大，工程制造难度和制造成本呈指数级增长。因此，为解决单体大口径制造困难的问题，国际上先后发展了斐索像面干涉型和迈克尔逊干涉型两种合成孔径成像技术。光学合成孔径，就是通过一系列易于制造的小孔径系统组合拼接成大孔径光学系统，以实现大孔径系统的高分辨率要求。目前，美国的詹姆斯韦伯空间天文望远镜就是采用主镜拼接技术，采用18块子镜拼接成6.5米口径的主镜。我国的中国科学院国家天文台研制的郭守敬望远镜也是采用同样的子镜拼接技术。由于光学系统成像必须满足几何光学的等光程条件和物理光学的共相位条件，因此合成孔径成像技术对位相控制的精度要求非常高，通常在十分之一个波长内。

大口径高精度碳化硅反射镜 　　　　国家天文台 • 郭守敬望远镜

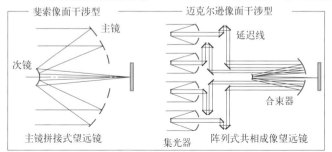

▲大口径望远镜与合成孔径望远镜

另外，FPM其实就是利用了合成孔径的思想，并结合了叠层相位恢复技术实现的超分辨率成像。

（7）基于微纳光学的超分辨率成像

① 超透镜。超表面是一种二维超材料，是由大量亚波长单元在二维平面上周期或非周期排布而构成的人工结构阵列，能够对电磁波进行灵活操控。超透镜是利用超表面实现的一种二维平面透镜结构，其体积极小，重量轻，易于集成，可实现对入射光振幅、相位、偏振等参量的灵活调控。利用超透镜可以实现超分辨率成像，下面介绍三种超透镜。

▲超透镜的图像

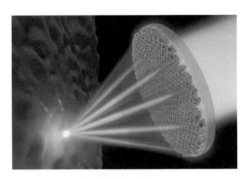

▲超透镜汇聚光线

第一种是远场超透镜，由一块带有周期性凹槽波纹的超透镜构成。将远场超透镜放在物体附近，能显著增强物体发散出的倏逝波，被放大后的倏逝分量进而被周期性凹槽光栅转换为传播波，从而可在远场收集物体的高频空间信息重建并得到突破衍射极限的图像。

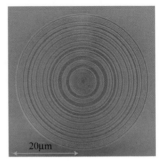

▲利用远场超透镜突破衍射极限图像

第二种是双曲超透镜。双曲超透镜由具有双曲色散特性或椭圆色散特性的各向异性材料弯曲后构成。利用双曲超透镜可以将近场的像直接放大到远场，能实现远场超分辨率成像和放大成像的效果，主要原因在于倏逝波能在此材料中传播并实现倏逝波到传播波的转换[58]。

第三种是负折射超透镜。负折射材料的超透镜可增强呈指数衰减的倏逝波，获得倏逝波携带的细节信息，突破衍射极限，实现高分辨率成像。

② 表面等离子激元

表面等离子激元（Surface Plasmon Polaritons，SPPs）是一种沿着介质和导体界平面方向传播的电磁波，当光入射到金属 - 介电界面时，金属表面的自由电子发生集体振荡，电磁波与金属表面自由电子耦合而形成的一种沿着金属表面传播的近场电磁波。为了提高光学成像的空间分辨率，必须探测到由样品衍射的大波矢分量，即倏逝波。它们会随着与物体远离而迅速衰减，从而导致远场光学仪器的分辨率受到衍射的限制。表面等离子激元使电磁场被限制在远小于光波长的横截面内，因而可以突破光的衍射极限。

（8）超采样极限分辨率成像

现在的成像系统都采用CCD或者CMOS数字传感器，其像元尺寸的大小

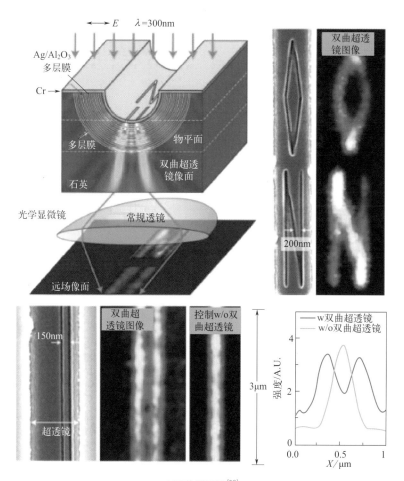

▲双曲超透镜[58]

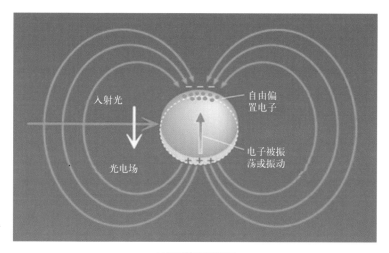

▲表面等离子激元

代表成像系统空间采样的频率。根据奈奎斯特采样定理，采样频率至少大于等于信号频率的2倍才可以完整记录信号，这意味着如果在传感器前面不加任何光学放大系统，像元尺寸的大小要小于目标最小尺度的二分之一才可以不丢失目标信息进行完整记录。无透镜显微成像技术最大的特点是物体与传感器之间不需要任何成像光学元件，因此也不存在任何光学像差，可以获得与传感器感光面面积相等的视场范围，这也是近年来大视场、高分辨率显微成像的热门研究领域。由于无透镜成像系统的采样频率直接决定于像元尺寸的大小，但是，随着传感器像元尺寸的减小，受到散粒噪声影响从而导致图像质量严重下降，因此，像元尺寸的大小不能无限减小。目前用于成像系统最小的传感器像元在1μm左右，对于观察亚微米尺度的物体明显采样频率不足。针对由像元尺寸大小的限制导致成像系统空间采样不足而引起分辨率受限的问题，科学家们也提出了相应的超分辨率成像方法，最典型的莫过于亚像素位移超分辨率成像技术。

当采集的低分辨率图像间有整像素位移时，不同的低分辨率图像在相同采样点上的信息没有任何差异，无法用于超分辨率重建。而当低分辨率图像之间存在亚像素位移的情况下，每一幅低分辨率图像都无法由其他图像经简单变换得到，这样每一幅低分辨率图像间都含有相似又互补的信息，超分辨率重建就将这些新信息都融合到一幅图像中，从而得到高分辨率图像。通常的做法是将传感器固定在一个精密的平移台上，通过传感器的相对运动采集序列图像来获取低分辨率冗余信息，最后通过图像的配准算法进行图像超分辨率重建。利用该技术实现对亚微米物体大视场、高分辨率观测的成像技术有美国加州理工学院Changhuei Yang教授课题组提出的亚像素移动投影显微成像技术（Subpixel Perspective Sweeping Microscopy，SPSM）[59]，美国加州大学洛杉矶分校Aydogan Ozcan教授课题组提出的无透镜数字同轴全息显微成像技术（Lensless Digital In-line Holographic Microscopy，LDIHM）[60] 以及美国康涅狄格大学郑国安教授课题组提出的编码叠层显微成像技术（Coded Ptychographic Microscopy，CPM）[61]。

以上对各种超衍射极限方法做了简单的介绍，这些方法是不是真的超越了"衍射极限"？其实这个问题很简单：**这些方法实际上超越的是超分辨之前系统的衍射极限，引入的新的单元构成的新系统又产生了新的衍射极限。**比如：FPM实际上是引入了光照的数值孔径，新系统的数值孔径为原光学系统的数值孔径与光源数值孔径之和。

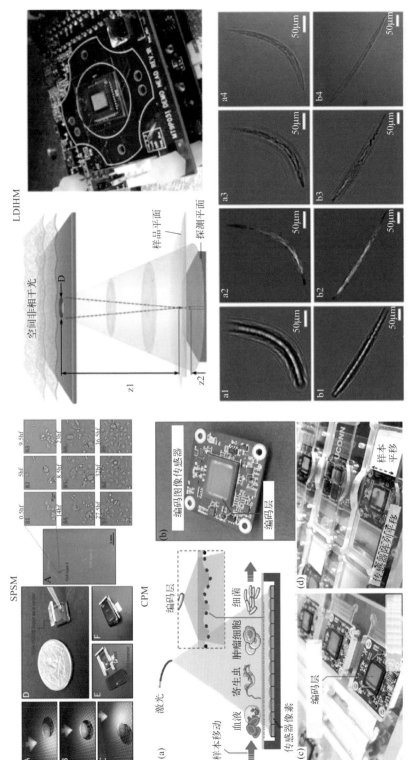

▲ 亚像素移动投影显微成像技术[59]、无透镜数字同轴全息显微成像技术[60]、编码叠层显微成像技术[61]

4. 图像超分辨率重建

图像超分辨率重建旨在从给定的低分辨率图像中，重建出含有清晰细节特征的高分辨率图像，是计算机视觉和图像处理领域中的一项重点研究任务。超分辨率重建技术就是实现现有图像在分辨率上的"超越"。不同于对图像进行复原、去噪等仅仅恢复图像清晰度的处理方法，超分辨率重建技术更趋向于增强图像的细化识别能力，减小单个像素的信息含量。低分辨率图像在经过超分辨率重建后得到高分辨率图像，对于图像中同一目标物体的表现，高分辨率图像所需的像素个数高于低分辨率图像，相应的高分辨率图像单个像素的信息含量比低分辨率图像低，但图像的细节表现能力却更强。十几年前，超分辨率重建很火，有单帧的、多帧的、基于模型的、基于字典的、稀疏表示的……诸多类型。现在流行的是深度学习超分辨率重建，效果不俗。

5. 小结

提到超分辨率，我们总是想到空间尺度上的分辨能力。但从广义的概念上理解，光场函数所包含的时间、波长甚至偏振等信息都可以进行超分辨率。对于时间维度来讲，有超快成像；对于波长的维度来讲，有超分辨光谱仪技术。

2022年，Science提出了125个重大科学问题，其中一个就是"衍射极限到底存不存在？"我个人认为是存在的，而且只要有衍射，就会一直存在。目前为止，人类似乎只能看到有穷的事物。对于超衍射极限而言，最应该明确的是衍射极限是与系统密切相关的，经过若干方法获得超衍射极限后，其实会产生一个新的极限。种种超分辨率方法其实都是提升光场信息维度后做了投影而得到的。说到底，光场作为计算成像技术的灵魂，在超分辨率成像领域中依然得到印证。今后，我们还会研究各种超分辨率方法，再聚焦一点，就是专注研究光场维度提升与分辨率的关系，建立起映射关系。

量子成像

『量子』不

先讲两个真实的故事。

2009年12月，美国佐治亚理工学院。攻读博士学位的康师傅跑到我办公室，兴奋地对我说："邵师傅，你知道量子通信不？"我说："我学过量子力学，但没听懂，不知道老师在讲啥！"他说："我们有个科学家从欧洲回来，做了一个量子通信的工作，特别厉害。据说，在中国就能远程将美国存放在任何一个保险柜里的文件以量子的方式'搬运'到中国，神奇不？"我说："神！是张无忌吗？他还会'乾坤大挪移'啊！"

2012年9月，我时任西安电子科技大学技术物理学院副院长，学院材料专业的一位退休老教授找到我，说："小邵，我大学同学Shih教授现在美国UMBC，全球第一个做出量子成像的工作，我们关系特别好，交大我那个同学也准备做，我们学院必须发展量子成像！美国空军的Mayer一直在他的实验室学习，Shih现在回不了国，我每年都在美国待半年以上……"后来，学校科研处组织了专门的讨论会，就是研讨量子技术的布局问题，处长语重心长地说："技术物理已经错过了太赫兹的机遇，再错过量子……"后来，Shih教授在国内的同学都成了量子成像的专家，其实他们之前都是从事材料的研究工作。2013年7月，我在San Diego举办的SPIE会议上听了Mayer做的关于赝热光源关联成像的报告，还跟他交流了几句，感觉也没那么神秘。

我其实是深深地陷入了反思。量子力学是学过的，好像老师也没有讲"纠缠"之类的内容，似乎他们讲的只有一个H符号，然后是如何如何变换……后来，我自学了量子相关的很多内容，感慨当年竟然真的学过量子力学！

1. 量子，科学史上最大的"纠缠"

2022年的诺贝尔物理学奖颁给了法国阿兰·阿斯佩、美国约翰·克劳泽和奥地利安东·蔡林格三位科学家，以表彰他们在"纠缠光子实验、验证违反贝尔不等式和开创量子信息科学"方面所做出的贡献。于是，关于量子的争论尘烟再起。

量子到底是什么？这个问题似乎很难回答，好像又很好回答。好回答的是"天下凡物皆量子也"的泛量子论，于是量子枕头、量子水杯、量子内衣等收割智商税的产品大量上市；难以回答是因为这场世纪纠纷持续到现在，依然还存在不少争论。

我们来看看Quantum这个词在Merriam-Webster字典中的定义：a. any of very small increments or parcels into which many forms of energy are subdivided. b. any of the small subdivisions of a quantized physical magnitude(such as magnetic moment). 通俗地讲，量子就是指能量或者其他物理量一份一份的那个很小的量。

1900年4月27日，英国皇家学会为迎接新世纪的到来开了一次庆祝会。英国著名物理学家威廉·汤姆生（即开尔文男爵）发表了著名的演讲。他在回顾物理学所取得的伟大成就时说，物理大厦已经落成，所剩的只是一些修饰工作。同时，他在展望20世纪物理学前景时，却若有所思地讲道："动力理论肯定了热和光是运动的两种方式，现在，它的美丽而晴朗的天空却被两朵乌云笼罩了。"这里的两朵乌云指的是迈克尔逊-莫雷干涉实验和黑体辐射理论。一语成谶，第一朵乌云导致了相对论的诞生，而第二朵乌云让普朗克悄悄打开了量子世界的大门。

▲经典物理学遇到的困难

1870年普法战争，法国战败后给了德国一大笔战争赔款，德国就用来发展钢铁工业，而炼钢需要控制炉温，这时候就需要研究黑体辐射了。彼时，英国也在发展钢铁工业，瑞利和金斯二人做了一个模型，曲线在长波波段吻合很好，但在短波波段是无穷大，这就是著名的**紫外光灾难**。德国的维恩也做了一个模型，在短波波段吻合很好，而长波却偏离太大。当时，德国的普朗克也在研究此问题，于是他凑了一个公式，真的是凑了一个他自己都不理解的公式，因为他信奉经典物理学，而这个公式越看越别扭。但一次偶然的机会，他认为能量不是均匀分布的，而是不连续的，是一份一份地辐射出来和吸收。后来，有人问他怎么理解连续的宏观能量是怎么一份一份地分发出去的呢？他解释道：有一个很多水的湖，旁边有一个水缸，用瓢一瓢一瓢地把水缸里的水舀进湖中，你说湖里的水是连续的呢还是离散的呢？其实，普朗克是把玻尔兹曼原子性质的内容引入了他的工作中，而玻尔兹曼却因其原子性质理论一直遭受质疑。

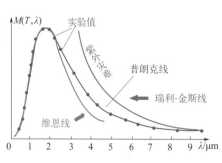 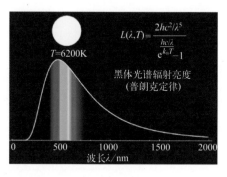

▲普朗克黑体辐射定律

1905年，爱因斯坦投稿给德国的《物理年鉴》，这篇文章使他成为成功解释光电效应的第一人：辐射脱离了原子之后，依然是一份一份的。现在我们都知道那一份份的能量其实就是光子能量，用$E=h\nu$来表示。审稿人正是普朗克，虽然普朗克不同意他的观点，但还是大度地同意发表这篇论文。普朗克审读了爱因斯坦多篇关于相对论的论文，都给予了高度表扬，而唯独对这篇论文持保留意见。其实，赫兹早于1887年就发现了光电效应。1921年诺贝尔奖委员会决定将物理学奖授予爱因斯坦，有人提议授予理由是广义相对论的贡献，但很多人怕万一这个理论是错的呢，于是就拣了贡献最小的那个——诠释光电效应。

量子力学一经诞生，正确性就被大量实验验证。然而，量子力学是否是完备的，波函数是否精确描绘了单个体系的状态，这些问题引起了世纪争论。以波尔为首的哥本哈根派认为：①波函数精确地描述了单个体系的状态；②波函数提供统计数据，测不准关系的存在是由于粒子与测量仪器之间的不可控制性；③在空间、时间中发生的微观过程和经典**因果律**不相容。而爱因斯坦则认为其违背了因果律，量子力学不完备，存在着隐函数作用。

接下来，我们有必要先解释一下量子纠缠（Entanglement）。**量子纠缠被解释为一组粒子发生相互关联而必须以整体方式去描述的物理现象。**粒子可以是

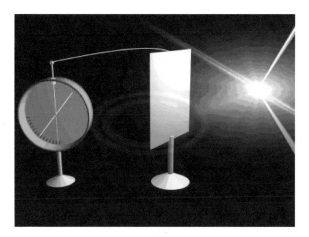

▲光电效应

电子，也可以是光子。这其实很不好理解，通俗讲就是一组纠缠粒子间存在着强关联。一对纠缠光子具有的特性是它们有着与距离无关的超强"感应"能力，当一个光子发生变化，另外一个必然发生变化。这就像两个双胞胎姐妹存在心灵感应一样，她们分别住在北京和纽约，当北京的姐姐肚子疼时，纽约的妹妹同时就能感应到。这也就是很多人认为量子纠缠属于玄学的原因之一，确实不好理解，因为它违反了定域性理论，超级感应的信息传播速度很显然超过了光速，而爱因斯坦认为这与相对论中光速不可超越相违背。因此，量子纠缠被爱因斯坦称为"鬼魅般的超距离现象"。

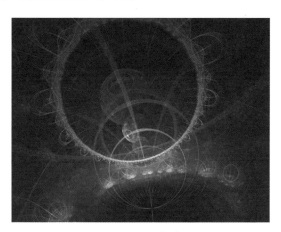

▲量子纠缠（1）

爱因斯坦用"上帝不会掷骰子"来回应波恩关于量子力学波函数的概率诠释。在爱因斯坦看来，事物应该是实在确定的，不因测量而改变，概率性只是因为现有的量子理论是不完整的。

▲ "上帝会掷骰子吗？"

1935年，薛定谔发表论文《量子力学的现状》以反驳波尔，也是**他首次提出"纠缠"这个词**，他那猫实验让哥本哈根学派只能吞下苦水，承认那只猫是处于"死活混合"的幽灵态，甚至他们对此的解释涉及了"意识"。有意思的是薛定谔曾经对薛定谔方程不够简洁而耿耿于怀，甚至质疑它的正确性。

▲ 薛定谔的猫

同年，爱因斯坦与鲍里斯·波多尔斯基（Boris Podolsky）和内森·罗森（Nathan Rosen）发表了一篇论文，表明量子力学诠释似乎无法提供对现实的完整描述，这就是著名的**EPR佯谬**。波尔对此给出的解释是在"经典实在观"看来，量子论是不完备的，在"量子实在观"看来，它是非常完备和逻辑自洽的。EPR这个理想实验将量子力学的结论与相对论的光速不变原理对立起来，乍看两者中必定有一个是错的，EPR佯谬似乎是一个判决实验。几十年来不断有人在做相关实验，**最新的结果再一次证明量子力学的结论是对的，确实存在超距的量子相关作用，但却不可能用来传递信息，所以也并不违反相对论。**出乎意料的是，EPR佯谬后来发展成许多真实的实验。爱因斯坦认为量子力学是一种非确定性理论，这意味着它不能预测实验的确切结果，它只能预测在实验中执行的每个可能测量的每种可能结果的概率。在爱因斯坦看来，事物应该是实在确定的，不因测量而改变，概率性只是因为现有的量子理论是不完备的。因此，他认为应该有一个潜在的现实隐藏在我们面前（隐变量），量子力学只是这个现实的近似解释。

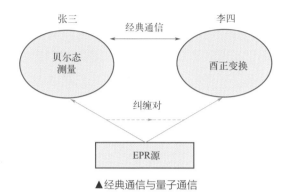

▲经典通信与量子通信

惠勒很早就提出了正负电子碰撞湮灭会产生一对纠缠光子。1948年，20世纪伟大的女实验物理学家吴健雄生成了历史上第一对偏振方向相反的纠缠光子，后来也是她的实验验证了杨振宁和李政道的宇称不守恒。1964年，始终站在爱因斯坦一方的瑞士科学家贝尔，在EPR的基础上提出著名的贝尔不等式：

$$|P_{xz}-P_{zy}| \leqslant 1+P_{xy}$$

简单解释就是**定域性理论一定满足贝尔不等式，而违背贝尔不等式则意味着量子力学对纠缠的解释是对的。**贝尔本来想用这个不等式证明量子理论非局域性有误，可后来所有实验都表明局域隐变量理论预言错误，而量子理论的预言与实验一致。正是这个不等式，诞生了2022年的诺贝尔物理学奖。

在物理学史上，从来没有哪个理论像量子力学这样，竟然与哲学中的"意识"这么紧密地关联到了一起，还让很多科学家将其与佛教因果关联到了一起，让科学变得更玄学，也让芸芸众生更不明所以。

2. 量子成像，满足了人们的科幻想法

既然量子纠缠态的两个光子物理上存在着极强的关联特性：一个发生变化，另外一个必然发生变化；那么，就可以设计一个实验，让纠缠的两束光中叫作信号光的一束照射物体，这些光子打到物体上必然会发生变化，让另

外叫作参考光（也叫闲置光）的一束直接照射探测器。根据纠缠原理，当信号光发生了变化，参考光必然发生变化，那么，我们就可以让信号光直接发射出去不管，让这些光子远距离直接跟成像物体发生作用，因为参考光与信号光是纠缠的，那么，只需要近距离直接让探测器接收参考光，就可以根据纠缠强关联特性得到远距离物体的像。按照这个逻辑，量子成像的伟大绝非平凡！

我们分析一下：首先，量子成像是非定域性的，那就意味着信息可以通过纠缠光子突破光速传递；其次，这是一个近场成像，因为没有光学系统，所以可以突破光学的衍射极限，而且，纠缠量子态越多，光子携带的信息就越多，自然成像分辨率远超经典成像；然后，我们还惊奇地发现，这个成像抗干扰能力极强，可以穿云透雾，光学成像再也不会受到恶劣天气的影响，这是因为只要有信号光的一部分光子穿过云雾照射到探测物体上，那么在参考光探测这端都能超光速地感受到这些纠缠变化，自然可以穿云透雾清晰成像；而且，纠缠光波长长的那一束作为信号光，这是因为长波更有利于传播；波长短的那一束作为参考光，成像分辨率高。当一束频率为v的激光打到BBO之类的晶体上时，会一定概率地产生频率分别为v_1和v_2的两束纠缠光。根据能量守恒，$hv=hv_1+hv_2$。如果能产生接近微波波段频率的光子作信号光，那么穿云透雾已不再是梦想！而且，这种量子成像是开环的，也就是信号光发射出去再也不用管了！

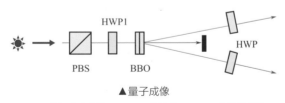

▲量子成像

PBS—偏振分光棱镜；HWP—半波片；BBO—非线性晶体

刘慈欣的《三体》其实也在这个背景下诞生的，让量子又火了一把。他描述的那个纠缠光子就是开环的，与这里的描述非常吻合。但科幻不是科学。

所有的这些，想想都很美。但现实却是残酷的！

让我们来看看最早的量子纠缠成像吧。

1988年，苏联学者大卫·尼古拉耶维奇（Klyshko）提出了一种用来验证EPR佯谬的实验方案，其中设计的一种装置被认为可以作为量子成像的实验装置使用。这种装置通过检测两路探测器中的一路是否收到光子，来控制另一路探测的开闭。1994年，美国马里兰大学的史砚华等人首次证明了基于纠缠光子的量子成像，实验装置如下图所示。激光器照射BBO晶体后产生偏振相互正交的信号光子和参考光子，利用偏振分束器将信号光束和参考光束分开。信号光束经过滤波片照射物体，再通过收集透镜到达桶探测器 D_1。参考光束经过滤波片后不经过物体，直接照射于多模光纤尖端上，而后到达桶探测器 D_2，光纤可进行二维扫描。通过对两路光场的强度值进行关联计算，即可恢复出物体的信息[62]。

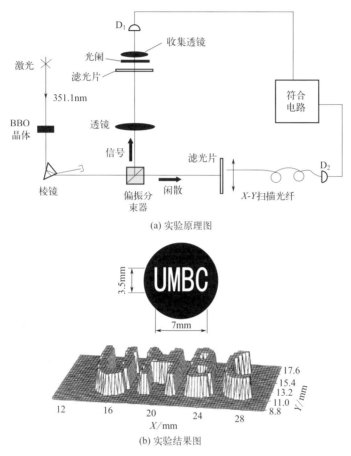

(a) 实验原理图

(b) 实验结果图

▲纠缠光量子成像原理图与实验结果图

你应该发现了什么！是的，这个实验与我们上面描述的不一样，信号光并没有发出去不管，而是用了一个阵列探测器在接收它；然后与参考光接收的信号做了符合运算，得到了一个黑白的二值图像，他们把这个叫"鬼成像"，竟然有人在看了这幅图后问我：是不是量子成像成的都是这个鬼样子，才叫鬼成像？

鬼成像的名字其实来源于爱因斯坦，因为爱因斯坦觉得纠缠如鬼魅一般。其实，鬼成像就是量子成像，不同称呼而已。

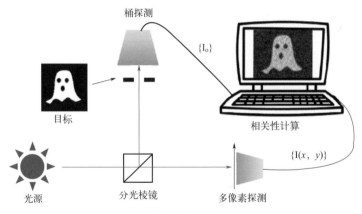

▲鬼成像示意图

目标

光源

分光棱镜

多像素探测

桶探测

{I₀}

相关性计算

{I(x, y)}

我们再看，超衍射极限的高分辨率成像好像也没有啊，穿云透雾依然还是科学家的梦想！那么，是什么把量子成像从神坛下拉了下来？

量子成像会涉及纠缠光源、纠缠光传输和纠缠光探测等问题。首先，我们来看一看纠缠光源的问题。

纠缠光的产生由最开始的正负电子对碰撞到后来的激光照射晶体，纠缠光的光源获取越来越容易。但这并不意味着纠缠光源的问题已经解决，对于远距离成像来讲，必须要有足够强的光源才能保证有一些光子能够照射到目标上，那就意味着纠缠光源必须足够强，也就是说产生纠缠光的效率要高，而且，激发纠缠的光源也要足够强。可惜，这些设想与现实存在很大差距。首先是纠缠光子产生的效率很低，而当激发光强度很大时，很容易把晶体打坏。当然，能够产生接近微波频率纠缠光子的晶体至今没有找到。

▲正负电子对碰撞

接着，我们来看纠缠光子传播的问题。因为没有足够强的纠缠光产生，远距离传播自然会带来很多现实问题。这是因为大气并不是真空，存在着大量的粒子，很多光子与这些粒子碰撞后，剩下多少可想而知。

然后，我们来看纠缠光子探测问题。这些纠缠光子到探测这一步，已经到了单光子探测的量级，对探测器的要求极高。其实还有一个很重要的问题需要思考，对于量子成像的期待是光子有多个量子态，每个量子态都可以携带信息，那么，不同于冯·诺依曼架构的二进制，量子位是大于2的，理论上可以对纠缠光子做多种量子态的调制，然后通过解调就可以获得更高位数信息量。这些设想都很好，可惜，目前的光电探测器只能做能量探测，像自旋等量子态根本无法直接探测，甚至连偏振态也是通过能量探测反演出来的。现实再一下敲醒了我们：还有很长的路要走！

3. 从量子成像到关联成像

我们来看看网络上对量子成像的定义。

量子成像是一种利用光场的二阶或高阶关联获得物体信息的成像方法。量子成像属于非定域成像，其概念起源于20世纪50年代的HB-T实验。继纠缠光量子成像实验之后，陆续有研究者提出了经典光量子成像、无透镜量子成像、计算量子成像、差分量子成像等技术。量子成像技术在光刻、激光雷达、生物组织造影、水下成像等领域都有应用。

是不是感觉画风变了？的确，火遍宇宙的量子成像，一夜间几乎都低调地回归到了关联成像。怎么回事？

我们还是先回顾一下HB-T实验吧。HB-T干涉仪全称是Hanbury-Brown-Twiss Interferometer，是一个里程碑式的实验，它导致了一些"新物理"——二阶相关系数。一阶相关系数的物理意义就是所谓波振幅的相位相干，比如杨氏双缝干涉，无论是量子的概率幅还是经典的波，所做的都是振幅的相位相干。普通光学干涉讨论的都是振幅相加，如果光源的相位是随机的，那么则过渡成光强相加。而HB-T干涉仪做的则是直接利用光强，但这时候并不是光强的相位相干，毕竟光强没有相位，而是光强之间求相关系数。那么，这个相关系数的物理意义是什么呢？杨氏双缝干涉是相位干涉，而HB-T干涉仪是光强相关。HB-T干涉仪的光强相关实际上不是单光子波包自己和自己干涉，而是系综平均后的宏观涨落关联。进一步地，HB-T干涉仪告诉我们：光场的量子统计差异性往往只有在其高阶关联函数中才能体现出来。

那好，之前我们一直在讲量子纠缠，但现在的画风似乎不纠缠于"纠缠"了；量子成像的光源也由纠缠光源变成了经典光源，给出的解释似乎是

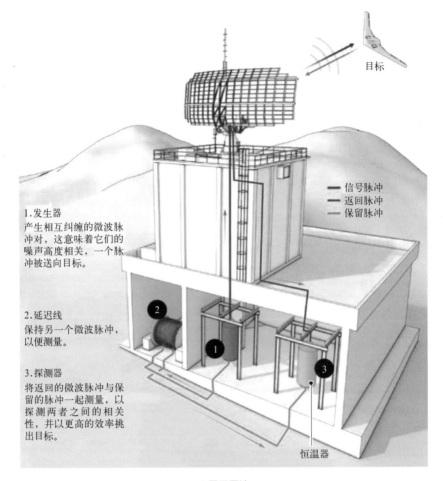

目标

— 信号脉冲
— 返回脉冲
— 保留脉冲

1.发生器
产生相互纠缠的微波脉
冲对，这意味着它们的
噪声高度相关，一个脉
冲被送向目标。

2.延迟线
保持另一个微波脉冲，
以便测量。

3.探测器
将返回的微波脉冲与保
留的脉冲一起测量，以
探测两者之间的相关
性，并以更高的效率挑
出目标。

恒温器

▲量子雷达

量子成像的本质是关联，只是纠缠是强相关，而如果泛化一下，那就是只要
能找到关联的形式，我们都可以认为是"量子"的，也就是说关联成像就是
量子成像。

于是，2002年，美国罗切斯特大学的Boyd团队利用由随机旋转的反射
镜和斩波器调制的激光光场得到了与纠缠光量子成像相似的实验结果；2004
年，国内中科院上海光学精密机械研究所（简称上海光机所）韩申生课题
组、北京师范大学汪凯戈课题组及意大利Insubria大学的Lugiato课题组从不
同的角度在理论上证明了经典热光源可以实现鬼成像；2008年，麻省理工
学院的Shapiro提出计算量子成像理论；2009年，以色列Weizmann科学院的
Silberberg团队在实验上实现了计算量子成像，无需参考光路，但需要精确预
知光场涨落信息；2014年，奥地利科学院的Zeilinger团队完成了一种新型的

纠缠光量子成像实验，没有对纠缠光中照射到物体一路的光子进行检测，而仅仅使用CCD探测了另一路的光子，不需要进行符合测量即可构建出物体的图像，似乎在验证信号光照射物体后可以不管，可是仔细分析一下这个实验，信号光并没有发出去不管，而是继续存在光路中，他们巧妙地把"参考"用的符合运算设计到了光路中的相涨相消的两路干涉条纹中，你说它"量子"不？

4. 如何对待量子成像

量子力学从诞生开始，争论就从来没有停止过。爱因斯坦、薛定谔等人都对量子力学的完备性提出疑问，与波尔为代表的哥本哈根派拉开了量子世纪大论战。量子成像从鬼成像到关联成像，有点被从神坛下拉下来的感觉。我们看到量子成像的定义有很多，也不统一。

无疑，冠以"量子"一词就会感觉很神秘。我们现在流行的量子成像大都是关联成像，搭一个量子成像的实验光路其实很简单，计算也不难。以激光加旋转毛玻璃的赝热光源为例，做一个统计关联的成像实验几乎不需要费多大工夫。这就让很多人产生了怀疑，这里的"量子"体现在哪里呢？尤其

▲量子纠缠（2）

是，媒体报道中的量子给我们编制了一大堆"高灵敏、超分辨、抗干扰"等神话，而冷冰冰的现实让我们不得不冷静审视这些问题了。

首先，量子成像到底是不是非定域性的？有人提出，光速可以突破，但是超过光速将不能传递信息，所以，也不违背相对论。

其次，既然量子纠缠，为何量子成像不采用开环光路？开环光路也就是信号光发射后不管，无需做符合计算。目前，所有的量子成像模式（包括2014年蔡林格的实验）都是闭环光路，信号光直接或者间接参与到了成像系统中。如果不能实现开环光路，纠缠量子成像就还是关联成像。

最后，非纠缠的关联成像到底是不是量子成像？这个问题从诞生开始，争论就一直没有停止过。

从严格的科学角度，如果一项技术必须使用量子特性才能实现某些性能的突破（仅仅靠经典物理特性是无法达到的），我们可以称之为量子技术。其中包括量子通信、量子计算、量子精密测量等。在成像或探测领域，基于量子压缩态、NOON态、量子照明等测量技术，利用量子特性实现了一定程度上成像分辨率、信噪比的提升，属于量子成像范畴；但是由于量子态的"脆弱"，这些技术很难在实际应用中发挥价值。然而，纠缠量子成像究竟还是关联成像，属于经典成像范畴。

从另一个角度，是不是"量子"并不重要，重要的是什么技术具有真正的科学意义和实用价值。纠缠量子成像虽然不是严格的量子成像，但是它的提出和研究，启发了很多新兴技术的快速发展，比如单像素成像、单光子成像、非视域成像等诸多"量子启发成像"技术。这些新兴技术在不同领域中发挥着重要的科学价值和实用价值。

5. 量子啊，量子

1879年，21岁的普朗克凭论文《论热力学第二定律》获得了慕尼黑大学的博士学位，论文中贯穿了他对"熵"深刻和独特的见解。当时，著名化学家拜耳给他很差的评价，差点没让他通过博士论文答辩。热力学第二定律，又称熵增定律：孤立系统的熵永不自动减少，熵在可逆过程中不变，在不可逆过程中增加。这个定律告诉我们，在封闭孤立的系统中，熵只会增加，不会减少。据说，物理学家在讨论如果物理学只留下一个定律，那么哪个定律会留下来？结果，投票的结果为热力学第二定律。我们生活的世界会因为熵的增加越来越混乱，而自律使我们的生活能够重归有序。

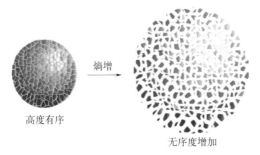

高度有序

熵增

无序度增加

▲熵增过程（图片来源于ScienceABC）

普朗克拉开了量子力学的序幕，爱因斯坦、薛定谔尽管否定量子力学的完备性，与波尔、波恩、海森堡、狄拉克和泡利等进行了多轮论战，但是他们只是学术之争，客观上发展了量子力学。量子力学在微观世界的解释很完美，却与经典物理和常识发生了很多认知冲突，甚至物理学家开始像哲学家一样研究客观存在的问题，在物理中引入了"意识"观念，使得量子变得更加神秘。

一个人的出生就是概率，他的一生会发生很多的概率事件，经常会在某个关键点出现了某个概率事件改变了他的一生，这本身就注定了他不确定的一生，这恰恰也符合量子理论的描述。

量子成像自诞生起就神秘莫测，很多人不懂量子力学，不理解纠缠、量子态、非定域，更不懂相对论，这就给量子成像蒙上了更神秘的面纱，让很多人望而却步。可是，如果他们知道了"关联"是怎么一回事，可能就会出现波包"坍缩"，他们也会开始怀疑量子的可信性。当今社会，铺天盖地的量子炒作，从量子通信到量子成像，从量子计算到量子软件，等等。于是，就出现了泛量子论者，也出现了反量子论者。这些都不好，不客观。量子力学发展100多年，经得起考验。

从原理上来讲，量子成像有很多潜力可挖，还有很多工作要做。

衷心感谢上海光机所韩申生研究员、中国科技大学徐飞虎教授和中山大学周建英教授对本章提出了很多建设性意见！

微纳光学，你很有前途

20世纪90年代开始，纳米刮起了一阵飓风，各种纳米产品诸如纳米内衣、纳米袜子、纳米水杯、纳米保健品……层出不穷，有的解释为"物质在纳米尺度下会表现出奇异反常的物理、化学乃至生物特性，称之为'纳米效应'"，后来，有人普及"其实面粉里存在很多纳米尺度的颗粒"。

紧接着，科学界里开始流行Meta-（希腊语词头，经常对应英文中的Super，中文经常翻译为"超""元"）这种高级词，于是，我们看到了Meta-Material（超材料）、Meta-Surface（超表面）、Meta-Lens（超透镜）、Metaverse（元宇宙）……

那么，这些Meta到底怎么来的？它们与微纳光学有什么关系？

1. 倏逝波、负折射率和光子晶体

（1）倏逝波（Evanescent Wave）

这个在大学光学课程中一句话带过的词，却能在光学界掀起波澜。来看看它的定义：当光波从光密介质入射到光疏介质时，如果入射角大于临界角会产生全反射现象；此时有光波虽然不能穿过两种介质的临界面，但沿着临界面平行的方向会产生光波，其电场及磁场的复振幅随着远离临界面的距离的增大而呈现指数级的减小趋势，这部分光波被称为**倏逝波**，或称为表面波。一般的解释是，倏逝波又叫消逝波或者隐失波，其幅值随与分界面相垂直的深度的增大而**呈指数形式衰减**。另外还有一种解释才是重点：对于一个有限大小的物体，其空间频谱是无限延伸的；其中低频分量为传输波（行波）分量，高频分量为倏逝波分量。即**倏逝波分量反映物体的细节信息，通过恢复物体的倏逝波分量可以实现物体的亚波长成像。**

非常不幸的是，倏逝波的存在空间仅仅是物体表面一个波长范围内，并且呈指数衰减，这就是我们梦寐以求的那个近场，那里有更高的成像分辨率，可惜我们只能探测到行波。探测到倏逝波的手段一般有两种：一种是探针直接近场探测，另一种是将倏逝波转换为行波传输出去。这对光波来讲都是巨大的挑战，尤其是远场探测。

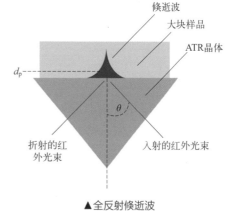

▲全反射倏逝波

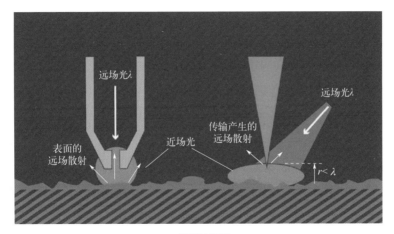

▲倏逝波探测

（2）负折射率

麦克斯韦方程问世100多年来，我们熟知的介电常数和磁导率都是正数，而麦克斯韦方程却允许负值的存在，并可以给出合理的解释。但是直到2001年，加州大学的David Smith等人根据英国科学家Pendry等人的建议，利用以铜为主的复合材料首次制造出在微波波段具有负介电常数、负磁导率的物质，并观察到了其中的反常折射定律。而Pendry正是那个提出完美透镜的人。

光也是电磁波，当然遵循麦克斯韦方程。当光从空气照射到水中时，会发生折射现象，折射光线与入射光线处在法线两侧，根据菲涅尔定律能计算出折射率是正数，并且自然界中的物体折射率几乎都是正的。为什么这么说呢？因为金属的折射率是复数，虚部系数被称为消光系数，描述了介质使电磁波衰减的程度。而一旦折射率变成负数，那就意味着折射光线与入射光线处在法线同侧，这会带来什么好处呢？

▲负介电常数、负磁导率人工超材料

▲负折射率现象

（3）契伦科夫辐射

虽然不是人人都能理解广义相对论，但是大家却对宇宙中没有物质的速度能超过光速这一结论印象深刻。其实这一结论成立的条件是真空，我们也习惯性地忽视这一前提。1934年，苏联物理学家帕维尔·阿列克谢耶维奇·契伦科夫发现，介质中运动的物体（通常是电子）速度超过**光在该介质中的速度**（低于真空光速c，如折射率为1.33的水，光速为$0.75c$）时，发出的一种以短波长为主的电磁辐射，这就是我们现在知道的**超过光速**的契伦科夫辐射。注意，在水中，超过的那个$0.75c$，并不是真空中的光速c。核电站启动时会激发辉光，因为是短波辐射，在可见光范围我们看到的是蓝色。

▲核电站启动时的蓝色辉光

日常生活中见到的摩托艇在水面滑行产生的水纹、飞机超声速飞行时引发的声爆等现象，也可以用契伦科夫辐射解释。声爆其实是声波传播受挤压产生的高频率声波，公园老大爷玩的那个抽打陀螺的皮鞭发出来的尖叫声也属于声爆。

▲飞机超声速飞行时的声爆云

负折射率材料有很多反直观的特性，比如逆契伦科夫辐射，这就会发生一种现象：类似声爆的逆过程，把更高频率的信息带回来。这就是Pendry所说的：**在正折射率介质中指数衰减的倏逝波进入负折射率介质后随即增长。**

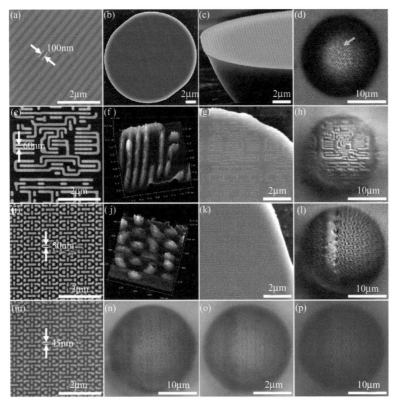

▲负折射率超透镜显微成像[63]

那么，除了超材料外，还有没有其他材料可以实现类似功能呢？

（4）光子晶体（Photonic Crystal）

半导体材料可以很好地控制电子，那么有没有材料能够像控制电子一样控制光子呢？半导体控制电子是因为有导带和禁带，同样，控制光子也需要光子导带和禁带。1987年，S.John和E.Yablonovitch分别独立提出光子晶体的概念，是由不同折射率的介质周期性排列而成的人工微结构。光子晶体即光子禁带材料，从材料结构上看，光子晶体是一类在光学尺度上具有周期性介电结构的人工设计和制造的晶体。与半导体晶格对电子波函数的调制相类似，光子带隙材料能够调制具有相应波长的电磁波，当电磁波在光子带隙材料中传播时，由于存在布拉格散射而受到调制，电磁波能量形成能带结构。能带与能带之间出现带隙，即光子带隙。所具能量处在光子带隙内的光子，不能进入该晶体。光子晶体和半导体在基本模型和研究思路上有许多相似之处,原则上人们可以通过设计和制造光子晶体及其器件,达到控制光子运动的目的。光子晶体(又称光子禁带材料)的出现,使人们操纵和控制光子的梦想成为可能。

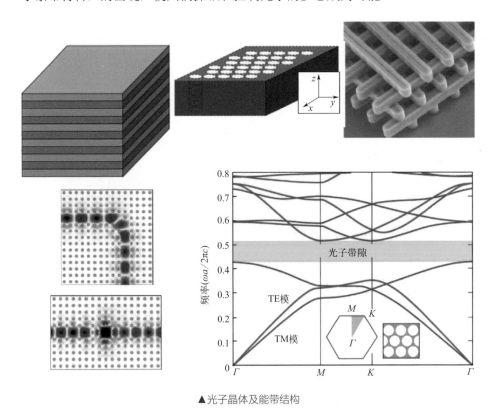

▲光子晶体及能带结构

借助光子晶体,可以灵活地调控光的反射、折射、散射和衍射等特性。通过特殊的光子晶体设计,可以实现负折射效应,即光通过该光子晶体时,入射光与折射光位于法线的同一侧,利用这种二维光子晶体作为透镜,可以实现亚波长分辨率的成像。

2. 什么是微纳光学

我们首先来看一个词:介观(mesoscopic)。这个词由 Van Kampen 于1981年所创,指的是介乎于微观和宏观之间的状态。因此,介观尺度就是指介于宏观和微观之间的尺度,一般认为它的尺度在纳米和毫米之间。微纳光学恰恰处于介观这个尺度。在这个尺度下,光将产生与宏观和微观都不同的性质,

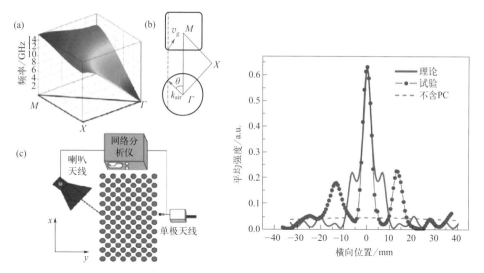

▲光子晶体透镜及其聚焦效果[64]

而这些奇特的性质，恰恰可以为光场操控和成像带来新的活力。

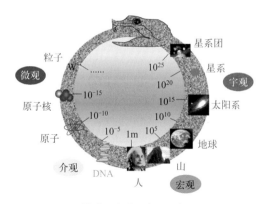

▲微观、介观、宏观和宇观

计算光学成像的灵魂是光场。在微纳尺度下，光场往往以倏逝波的形式与微纳结构发生相互作用，一方面，入射光可以在微纳结构表面激发倏逝波；另一方面，倏逝波遇到特殊设计的微纳结构可以以行波的形式辐射到远场。倏逝波就像一座桥梁，将波长量级的辐射光波与亚波长量级的微纳结构沟通起来，带来了许多奇特的光学现象。

下面来看一下在微纳光学领域，光波与微纳结构具体是如何发生相互作用的。

（1）表面等离激元和局域表面等离子体共振

表面等离激元（Surface Plasmon Polariton，SPP）是一种特殊的倏逝波，

它与全反射产生的倏逝波的不同点在于，SPP可以独立于入射光进行传播，而全反射产生的倏逝波与折射光波同步传播。这表明SPP是一种独立的电磁波模式，可以通过麦克斯韦方程组进行求解。

如下图所示，SPP是一种表面电荷与电磁场集体振荡的电磁模式，沿着分界面传播，沿垂直于分界面的方向衰减，其传播常数大于真空中的波矢，波长小于真空中光波的波长。由于SPP的波矢大于入射光的波矢，因此必须通过一些特殊的方式增大入射光的波矢，使之与SPP的波矢相匹配，才能成功激发SPP。目前，SPP常用的方式有棱镜耦合激发、高数值孔径显微物镜激发、光栅耦合激发、散射激发以及针尖耦合激发等。

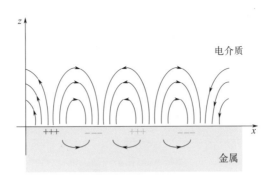

▲表面等离激元示意图

SPP是理想状态下的电磁模式，实际应用中，最常遇到的微纳结构是具有一定形状的纳米颗粒，如纳米球、纳米棒、纳米线等。复杂的形状意味着复杂的边值关系，得到的电磁场分布也会更加复杂。以纳米球为例，在球外，电场强度随着距离迅速衰减，因此这种电磁场可以看作是被局域在纳米球的周围，称为局域表面等离子体（Localized Surface Plasmon，LSP）。当发生共振效应时，即称之为局域表面等离子体共振（Localized Surface Plasmon

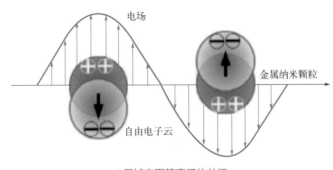

▲局域表面等离子体共振

Resonance，LSPR），此时球内外的电磁场会获得显著增强。LSPR强烈依赖其结构的物理性质和周围环境，具有灵活的可调性，通过合理设计纳米结构的形状、尺寸和材料等物理特性，可以获得特定的共振模式。将纳米结构体按照一定的规律进行排列，形成复合纳米结构，纳米结构之间存在极强的局域电磁场增强，整个结构阵列表现出异常的透射或反射现象，可以用来调控入射光场。

（2）远场辐射

局域表面等离子体共振在近场（波长量级）区域实现了对入射光场的调控，这些近场区域的相互作用是否会影响远场的辐射呢？纳米粒子的远场辐射特性，可以通过偶极辐射进行分析。纳米粒子的特征尺寸与入射光波长相当时，纳米粒子在入射光场的作用下，在表面诱导出正负电荷，从而形成电偶极子（Electric Dipole ED），电偶极子与入射光以相同的频率振荡。入射光被纳米粒子散射后在远场形成的散射波，可以看作是电偶极子作为次级波源，向周围辐射的电磁波，遵循米氏散射（Mie Scattering）理论。

根据米氏散射理论，远场散射波的辐射源是电偶极子或磁偶极子（Magnetic Dipole, MD），可以通过设计纳米粒子的材料和形状，使其在入射电磁场的作用下，形成偶极子。如下图所示，当粒子为金属材料时，若粒子为纳米棒结构，其只能通过LSPR的方式实现与入射电场的共振，而对磁场几乎没有响应；若粒子为开口的纳米环结构，在入射电磁场作用下，开口处的电荷累积产生电偶极矩，形成等效电容，电荷通过环状结构流动，产生磁

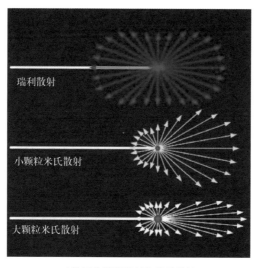

▲粒子的瑞利散射和米氏散射

偶极矩，形成等效电感，二者构成谐振电路对入射磁场进行调控。当粒子为电介质材料时，简单的球形粒子即可产生电偶极子和磁偶极子，电偶极子来源于纳米球两极的正负极化电荷分布，磁偶极子则来源于极化电荷与入射光场共振而形成的环形位移电流。纳米粒子产生的电偶极子和磁偶极子共振辐射出的电磁场构成散射波，散射波的振幅、相位和偏振态等参量由纳米粒子的结构和材料决定，可以用来调控远场辐射。

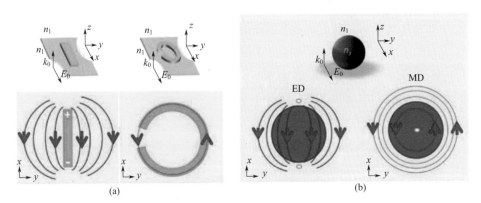

▲金属和电介质纳米结构中的电偶极子和磁偶极子

（3）纳米结构单元的设计和制备

利用纳米结构对光场进行调控的基础是设计合理的纳米结构单元，这种单元结构的形状和材料参数往往较为复杂，难以直接利用麦克斯韦方程组进行解析求解，因此通常采用数值计算的方法对单元结构的光学响应进行分析和研究。目前最常用的数值计算方法有有限元法（FEM）、时域有限差分（FDTD）等，常用的分析软件有Matlab、Comsol Multiphysics、Ansys Lumerical FDTD、OptiFDTD等。

▲常用的微纳光学仿真软件

由于纳米单元形状复杂，往往对制备工艺有着极高的要求。随着微纳加工技术的进步，逐渐形成了较为成熟的纳米结构制备工艺，如电子束曝光、聚焦离子束刻蚀、紫外光刻等。微纳结构的制备工艺主要可以分为两类：一类是基于材料沉积的"自下而上"的制备方法，通常先利用光刻胶制备图形掩模，再通过原子层沉积、化学气相沉积、电子束热蒸镀等方式进行材料填充来形成纳米结构；另一类是基于材料刻蚀的"自上而下"的制备方法，通常先在衬底上生长材料薄膜，再利用光刻胶制备图形掩模，通过湿法刻蚀、等离子体刻蚀等方式将掩模外的材料去除。

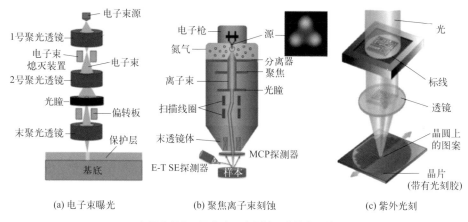

(a) 电子束曝光　　　(b) 聚焦离子束刻蚀　　　(c) 紫外光刻

▲电子束曝光、聚焦离子束刻蚀和紫外光刻技术

近年来，随着激光微纳加工技术的进步，利用飞秒激光直写技术已经可以制备出规则的亚波长周期结构，能够实现光场调控的功能。该方法利用的是飞秒激光诱导的自组织结构，这种纳米结构的形成与入射飞秒激光的偏振态有关，可以通过偏振态来调控所加工纳米结构的取向[65]。相比于电子束曝光等加工方式，飞秒激光直写加工的流程更简单、成本更低、效率更高，适合大规模制备。

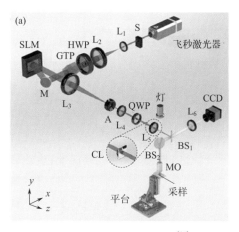

▲飞秒激光直写制备超表面[65]

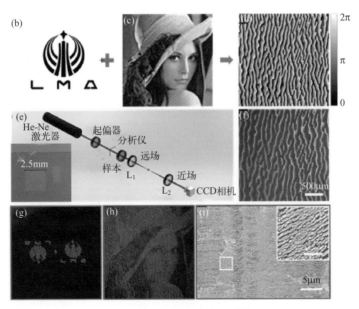

▲飞秒激光直写制备超表面[65]

L₁—透镜1；L₂—透镜2；HWP—半波片；GTP—起偏器；M—反射镜；L₃—透镜3；SLM—空间光调制器；
A—光阑；L₄—透镜4；QWP—1/4波片；L₅—透镜5；BS₁—分光棱镜1；BS₂—分光棱镜2；L₆—透镜6

通过上面的讨论，我们可以发现，微纳光学的理论基础其实还是经典的电动力学，只不过将光场的研究尺度从波长量级拓展到了亚波长量级。微纳光学的主要优点就是在局域电磁相互作用的基础上实现许多全新的功能。由于局域电磁相互作用强烈依赖微纳结构的形状和材料，这给微纳光学的设计带来了便利，却给微纳结构的制备工艺提出了更高的技术要求，微小的结构瑕疵往往会带来极大的功能缺陷。

3. 微纳光学在成像中的作用

微纳光学的优势在于处理亚波长信息的能力，在成像中的应用主要体现在两个方面。

① 超分辨率成像：将亚波长信息提取出来，增强成像效果。

② 光场调控：围绕光场的调控来设计微纳器件，简化成像系统设计，改进光电器件性能等。

（1）超分辨率成像——提取亚波长光场信息

倏逝波分量反映物体的细节信息，通过恢复物体的倏逝波分量可以实现物体的亚波长成像。探测倏逝波的手段一般有两种：一种是探针直接近场探测，另一种是将倏逝波转换为行波传输出去。

① 近场光学显微技术

近场光学显微技术就是探测物体表面的倏逝波信号，以获得物体的亚波长信息，从而实现超分辨成像。倏逝波的激发与探测是一对相反的过程，因此，可以根据倏逝波（如SPP）的激发装置，设计探测装置。

a. 参考SPP的棱镜激发方式，可以设计多层薄膜结构，将近场的倏逝波耦合到负性光刻胶层上进行记录。显影后的底片，还需要其他方式（如原子力显微镜）进行表征，还原出待测物体的形貌特征。

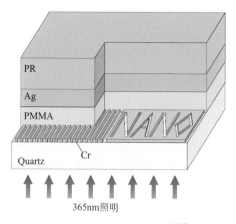

▲多层薄膜结构记录倏逝波[66]

b. 参考SPP的光栅激发方式，可以设计纳米光栅结构，将近场的倏逝波耦合到远场，再利用成像系统进行成像。

c. 参考SPP的针尖激发方式，利用纳米探针将倏逝波耦合到远场，这也是目前扫描近场光学显微镜（Scanning Near-field Optical Microscopy，SNOM）中采用的方式。SNOM工作时，照明光照射待测样品，待测样品的表面产生倏逝波，利用纳米探针靠近样品表面，当距离小于半波长时，表面的倏逝波耦合到探针中，从而获得该处样品的表面信息。SNOM的工作模式类似于扫描隧道显微镜和原子力显微镜，需要探针在样品表面进行扫描，获得整个表面的三维形貌信息。

② 针尖/表面增强拉曼光谱成像

纳米结构中，局域表面等离子体共振现象具有局域电场增强的效果，由于能够在亚波长尺度下增强光与物质的相互作用，已经被广泛用于拉曼光谱的探测。由于拉曼光谱的信号强度与电场的四次方成正比，利用金属纳米结

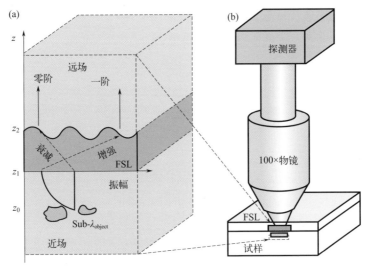

▲纳米光栅对倏逝波的耦合[67]

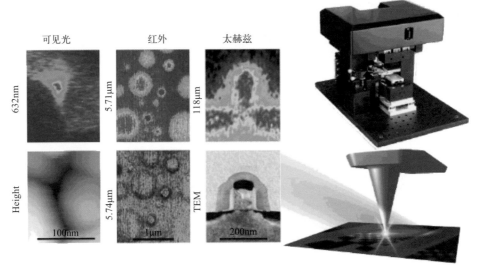

▲扫描近场光学显微成像

构的LSPR所带来的局域电场增强，可以极大提高结构表面附近待测样品的拉曼光谱信号强度，增强拉曼光谱成像的质量，提高样品检测的灵敏度，如针尖增强拉曼光谱成像（Tip-enhanced Raman Scattering，TERS）和表面增强拉曼光谱成像（Surface-enhanced Raman Scattering，SERS）。

③ 表面等离子体共振成像

根据SPP的棱镜耦合方式，发生全反射时，光束照射的平面上会存在沿

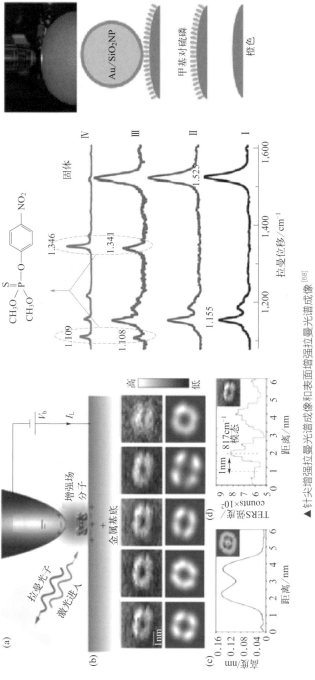

▲针尖增强拉曼光谱成像和表面增强拉曼光谱成像[68]

表面传播的倏逝波，当入射角度满足一定条件时，倏逝波会耦合到上层表面，形成SPP，这时，可以看作入射光与表面等离子体发生了共振，称为表面等离子体共振（Surface Plasmon Resonance，SPR）。由于SPR对折射率和厚度较为敏感，常用来对生物组织和特种薄膜进行成像。SPR成像装置如下图所示，借助棱镜，将p偏振光（TM波）以一定的角度照射到样品上，当入射角满足一定条件时，发生SPR，随着样品不同，折射率变化也不相同，SPR的角度也就不同。这样一来，从棱镜另一侧接收到的反射光强度也不相同，进行成像时就能看到样品的反射光图像，从而对样品进行动态分析。

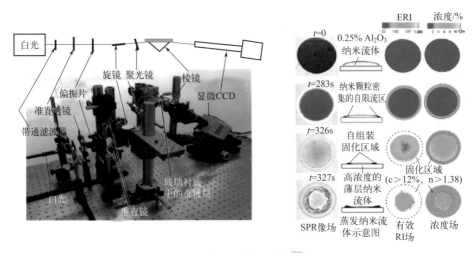

▲表面等离子体共振成像[69]

④ 平面金属透镜

当光束在亚波长的周期性金属结构阵列中传输时，可以产生异常的零级透射谱，这种现象称为光学异常透射（Extraordinary Optical Transmission，EOT）。EOT被首次发现时，其发现者Ebbesen等将异常透射峰的产生归因于光波与金属孔阵列表面处的自由电子振荡的相互耦合作用，即SPP导致了异常透射。根

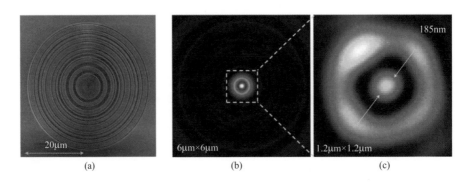

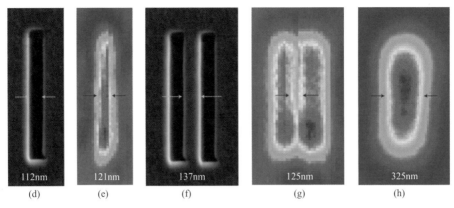

112nm	121nm	137nm	125nm	325nm
(d)	(e)	(f)	(g)	(h)

▲超振荡平面金属透镜[70]

据EOT现象，可以设计金属纳米结构阵列，使透射光聚焦，产生透镜的效果。平面金属透镜在出射面附近形成超分辨的聚焦光点，可以用于光刻和超分辨成像。上图所示为超振荡平面金属透镜的设计结构和成像效果。

（2）微纳尺度光场调控——超透镜

通过研究微纳结构在二维表面的局域光学响应，根据所需的光学功能对微纳结构单元进行有序排布，可以在界面处引入相位的梯度调控，而在远场实现宏观的光场调控效果。按照相位调控原理，超表面可以分为两类：几何相位超表面和惠更斯超表面。

几何相位（Geometric Phase）也叫Berry相位（Berry Phase），其概念来源于量子力学，量子系统的哈密顿量在参数空间沿着闭合路径绝热演化一个周期所积累的额外相位，称作Berry相位。在光学中，几何相位来源于光在各向异性介质中传播时的偏振态转化，这种转化可以在庞加莱球（Poincaré sphere）上找到对应解释。如下图所示，庞加莱球上的每个点对应一个偏振态，光束的偏振态演化，在庞加莱球上表示为经过的路径，如L-A-B-L，则产生的几何相位为A、L、B三点围成的球面对应的立体角。因此，在光学中，几何相位也叫Pancharatnam-Berry相位，简写为P-B相位。实际应用中，当左旋圆偏振光通过各向异性样品（如纳米光栅、双折射晶体等）时，出射光不再保持左旋圆偏振，而是变为椭圆偏振光或线偏振光，此时出射光可以分解出左旋圆和右旋圆偏振分量，其中的右旋圆偏振分量（与入射光正交的偏振分量）将携带一个额外的相位，即几何相位。超表面设计中，利用简单的各向异性纳米结构（如纳米光栅、矩形纳米方块等）就能够调控几何相位。以矩形纳米方块为例，圆偏振光入射到矩形方块上时，透射光的几何相位为2ϕ，ϕ为矩形方块的角度，通过调整角度就能调控几何相位。几何相位超表面的调制不依赖结构的尺寸，只与其相对角度有关，能够完全覆盖$0 \sim 2\pi$的相位调制范围，并且具有较宽波段的响应特性。

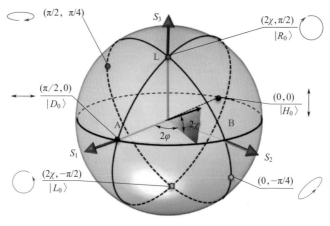

▲庞加莱球及几何相位

惠更斯超表面的调控方式基于惠更斯原理：在任意时刻波阵面上的任何一点都可以看作新的波源，并发出次级波，形成新的波阵面。惠更斯超表面基于表面等效原理，设计纳米结构单元，形成电偶极子和磁偶极子，调控结构单元的电极化率和磁极化率，使其光阻抗与自由空间匹配，从而减少背向散射，同时，通过改变结构单元的尺寸和排列方式对出射光波的相位进行调控。惠更斯超表面需要在纳米结构中产生强度相当的电偶极模式和磁偶极模式来进行阻抗匹配，因此相比于几何相位超表面，它对纳米结构设计有着更为严苛的要求。比较典型的纳米结构设计有V形天线、开口环等。

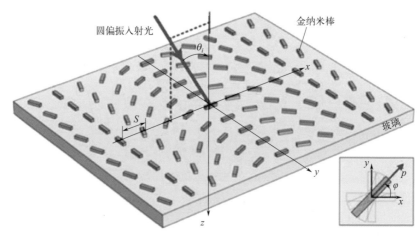

▲几何相位超表面结构

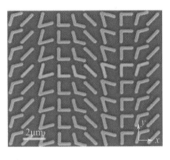
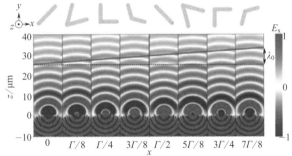

▲ V形天线超表面结构[71]

与传统光学器件相比，超表面具有超高的尺寸优势，其厚度几乎可以忽略不计，这种特点可以促进光学成像系统设计的平面化和轻量化，其中最典型的代表就是超透镜。由于超透镜的微纳结构是人工设计的，在设计阶段就可以将透镜的几何像差和色差考虑进去，甚至可以设计出超大数值孔径的超透镜，实现比传统透镜更佳的成像效果。

此外，设计特殊的超表面结构，可以简化高维光场信息的获取和解译。例如光场的偏振态信息，使用传统的光学测量手段，不仅需要半波片、四分之一波片、偏振片等光学元件，还需要精确对准各个元件的角度，不仅不方便，而且精度难以保证。可以设计一种特殊的超表面结构，使包含不同偏振信息（斯托克斯参量）的分量分别衍射到不同的位置，这样只需要用探测器收集不同位置的光强信息，就可以获得光场的全部偏振态信息。更进一步，通过特殊的超表面设计，还可以直接对物体进行偏振成像和光谱成像，将光学成像系统设计进一步简化。

▲ 消色差超透镜[72]

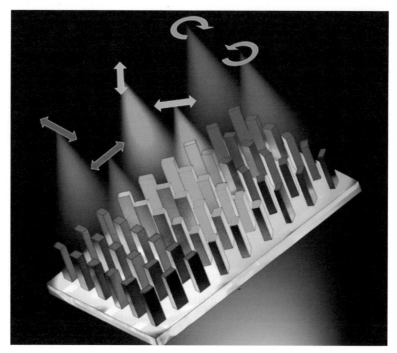

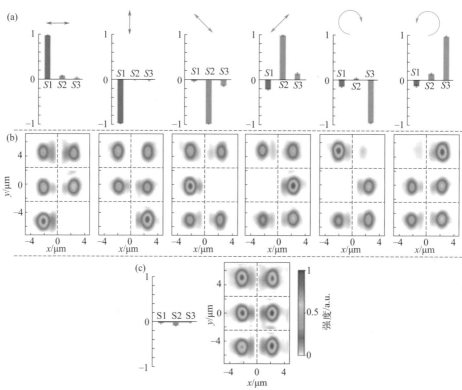

▲ 偏振检测超表面[73]

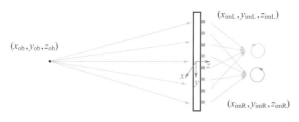

▲偏振成像超表面[74]

4. 很有前途，但路很长

　　微纳光学是近几年来发展非常火的一个光学分支，从超材料到表面等离子激元，从微腔到微环，从近场成像到超透镜，几乎覆盖了光学的各个领域，其呈现出来的性能也让人感觉惊奇。但在波澜中，我们更要静下心来看这喧嚣的世界到底还存在哪些问题，我们该怎么去正确面对。

　　诚然，微纳光学不俗的表现确实让我们侧目，但其缺点也像它的优点一样让人目眩。

　　① 波段问题

　　微纳光学的性能往往只体现在单一波长上，或者说，它对波长非常敏感，而这种特点在成像领域中恰恰是它最大的弱点。因为，大多数光学成像工作在很宽的波段，比如常见的可见/近红外的0.4 ～ 1.0微米、中波红外的3 ～ 5微米和长波红外的8 ～ 12微米，而微纳光学往往无法覆盖这么宽的领域。

　　以超透镜为例，尽管我们对它充满

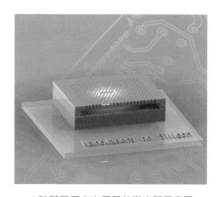

▲硅基量子点光子晶体激光器示意图

了期待，但是我们更要看到的是在解决宽谱方面的路还很长很长，目前的解决方法基本上是使用深度学习等方法解决其色散等问题，尽管从论文上，我们看着效果似乎还不错，但我们更要看到实验者更多地选择了更容易处理的一些彩色场景，对于复杂场景而言，效果并不好。

当然，波段太窄还会带来能量的问题，只有很窄波段的能量进入到系统中，探测灵敏度当然不会高。

② 制造问题

微纳光学的加工制造方法、难度和尺寸都存在很大挑战。前面讲过部分微纳加工的方法，基本上与半导体制作的工艺很接近，那就意味着存在尺寸、效率和价格等问题。超透镜图中吉庆的色彩把视觉氛围烘托得很美，但我们要细想一下每个纳米柱的尺寸，数一数有多少个，你心中的那层美好慢慢就会在那道金色光芒的烤炙下融化，是的，只有微米级别的尺寸！能做到毫米那就是相当于我们做了100米的大口径！我们知道，手机的镜头口径也在几个毫米量级，而机载设备动辄几百毫米口径，航天光学系统的口径则高达数米量级，这些都是必须要面对的现实问题。

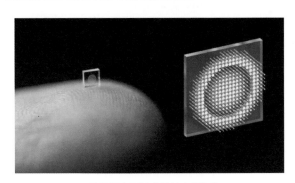

▲利用超表面技术的纳米照相机

③ 远场问题

显然，微纳光学在显微领域能够搭起微观到宏观的桥梁，能够获得梦寐以求的倏逝波，获得更好的成像分辨率。可是，在远场应用方面，微纳光学却表现一般。目前能看到的多是把表面等离子体激元用于光电探测器提升光电探测效率的研究，而处理倏逝波这种近场的优势在远场似乎没有什么好的办法。

计算光学成像的灵魂是光场，微纳光学在光场操控和光场信息获取方面有着很好的优势，深入理解计算成像中光场信息的分布和映射关系，将微纳光学有机纳入计算成像中，一定可以获得非凡的结果。

天下无雾：

我们能不能透过那道雾霾

如果有人说他有穿云透雾之术,你会充满质疑地多看他一眼。而如果有人推广相机,你却会问:有无去雾功能?两件事放到一起,充满矛盾。

这个穿云透雾是不是很难?难在哪里?

光电与雷达相比最大的差距在作用距离(更远)和天气的影响(更强)。在"看得远"方面,光电的能力越来越强,大有追赶雷达之势;但在更强的全天候方面,依然差距明显。

▲大气对光电成像的影响

据统计,我们的光学成像卫星有70%以上的概率会遇到云,而有些地区则常年被云雾覆盖,卫星几乎很难拍到地面的场景。对于光学遥感,遇到云层遮挡严重的情况,大多会舍弃不用,那是真的不能用!

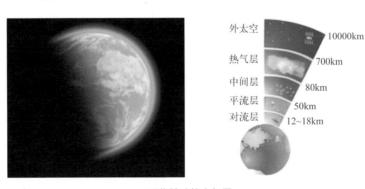

▲环绕地球的大气层

1. 天下无雾

可以用"你方唱罢我登场"来描述去雾这个研究领域,很多科学家留下了他们走过的痕迹。去雾的方法可以分成两大类:图像处理类和光学成像类，而目前应用最多的还是图像处理类。

图像处理类去雾的算法主要有：暗通道、对比度增强、图像重建等，目前应用最广泛的恐怕就是暗通道了，这个算法已经在各路监控相机里作为标配嵌入其中，这也就是"如果你的相机不带去雾功能，连招标的门槛都入不了"的原因。暗通道先验去雾是基于大量室外无雾图像的统计方法，研究者通过分析发现在无雾图像中非天空局部区域的一些像素中至少有一个颜色通道的亮度值非常低；将此先验与雾天退化模型一起使用，可以估计雾的厚度并恢复高质量的无雾图像。但是这个暗通道存在的问题是它只适用于彩色相机，对于黑白图像无能为力，因为那个暗通道的前提条件不存在了。

当然，现在最流行的去雾算法恐怕还是深度学习，随着深度学习处理能力越来越强、网络的轻量化设计和神经网络芯片的推出，在普通相机后面背负一块深度学习的板子，就可以对 1080P 甚至 4K 视频实时处理，效果很不错，而且适应能力很强，不仅适用于彩色图像，黑白图像的处理效果也不错，甚至在红外波段都有很好的表现力。但深度学习存在的最大问题依然还是数据问题，泛化能力弱，适应性不够稳定，一旦场景发生了变化，就需要调整参数才能达到最佳效果。

我们要牢牢记住：图像处理是熵增过程，信息不会增加，只会减少。这其实告诉我们：去雾实际上是给人看的，呈现的是"视觉"特征，我们不会从图像处理过程中平白无故地获得额外的信息，也就是说，**去雾在本质上是对弱信号的增强**，我们看到的清晰图像只是把图像原有的微弱信号做了提取

(a) 原图　　　　　　　　(b) 去雾图像　　　　　　　(c) 暗通道图像

▲暗通道先验去雾效果[75]

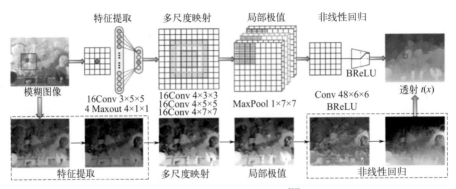

特征提取　　　多尺度映射　　　局部极值　　　非线性回归

模糊图像

16Conv 3×5×5
4 Maxout 4×1×1

16Conv 4×3×3
16Conv 4×5×5
16Conv 4×7×7

MaxPool 1×7×7

Conv 48×6×6
BReLU

BReLU

透射 t(x)

特征提取　　　多尺度映射　　　局部极值　　　　　非线性回归

▲ Dehaze-Net 网络结构图[76]

拉伸处理，没有获得任何额外信息；相反，如果处理不好，很有可能丢失重要信息。典型的是红外图像，红外弱小目标信号经常是单像素量级，稍不小心就会被当作噪声处理掉了，而且，红外图像经常是14位的，我们常见的处理方法多为8位。

那么，在光电成像方面，去雾的方法有哪些呢？

首先，我们发现雾霾主要是由小的颗粒组成，而波长越长，其穿透能力越强。于是就有了在成像波段上的选择，我们可以用红外成像"解决"雾霾的问题。红外波段主要分为 $1 \sim 3\mu m$、$3 \sim 5\mu m$ 和 $8 \sim 12\mu m$，但这一类相机的镜头和探测器成本都很高，空间分辨率往往较低，而且细节比可见光相机差很多，应用也不够广泛。幸运的是硅在近红外的区域有响应，可以把相机从 $0.4\mu m$ 拓展到 $1.1\mu m$，做成近红外量子效率较高的低照度探测器，这种相

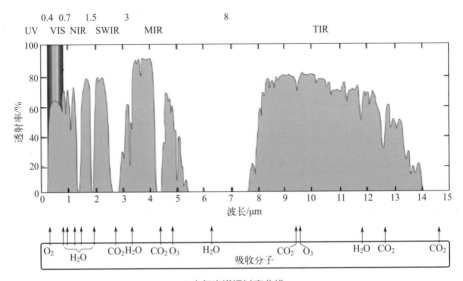

▲大气光谱透过率曲线

机透雾能力比0.4～0.8μm的相机强了很多。当然，它跟长波的8～12μm差很多。有一年西安大雾，我们校车到了西安电子科技大学新校区门口找了半天入口，好长时间才安全开进校园，如果有红外相机，司机将会看到一片清晰的世界，再也不会受这大雾的干扰。

然后我们再来看无处不在的偏振吧！科学家发现偏振具有抗大气颗粒的干扰特性，尤其是圆偏振，于是铺天盖地的偏振去雾粉墨登场，上演了一部又一部好戏。通过采集同一场景的不同偏振图像，精确估算出大气光的强度并将其从雾霾图像中移除掉，再对退化后的场景反射光进行反演处理，最终得到透雾霾成像结果。随着国内外研究学者的不断探索，偏振透雾霾成像已然从简单的偏振滤波向复杂的物理模型去雾算法发展，形成了基于偏振信息的透雾霾成像体系。从成像方式分类，可分为主动式成像和被动式成像；从信息利用分类，可分为偏振滤波、偏振差分、Stokes矢量、偏振角、圆偏振信息等；从成像波段分，可分为可见光和红外波段成像；从信息结合分类，偏振信息可结合强度信息、光谱信息、相位信息和空间三维信息等进行综合利用。偏振成像技术因设备简便、性价比高、无先验信息、成像质量佳等特点在去雾领域发挥着重要作用，具有广阔的应用前景，为新型透雾成像技术的发展和探索提供了充分的研究基础，为偏振信息的探索和光场信息的利用提供了一种新的思路。

但是偏振去雾存在一个悖论：去雾是要获取更多的能量信息，而偏振的

▲偏振去雾成像[77]

成像机制本身就会损失80%左右的能量，偏振的目标特性是否显著到超越损失能量级别，偏振算法中信号处理对图像质量提升的贡献有多少，需要我们静下心来研究。

接下来，散射登场了！它以年轻态神秘地出现在人们面前，以能穿透毛玻璃为噱头告知天下：我很行！可是，如果很行，为何现在还没有派上用场呢？

透散射介质成像大概有基于波前调制的波前整形法、标定散射介质的传输矩阵法、散斑自相关、利用时间信息的门选通法、利用位置信息的同步扫描法、单光子成像法等。

① 波前整形法

通过逐像素调制空间光调制器（Spatial Light Modulator，SLM）或数字微镜器件（Digital Micromirror Device，DMD）实现对入射光波前的幅值或者相位信息的补偿，在一定程度上减小由于散射造成的影响，以提升成像系统的观测深度和成像质量。其实这就是自适应光学，解决大气畸变问题，严格讲不能算去雾。

② 传输矩阵法

利用主动照明技术预先对散射介质等进行表征测量，得到入射光场与出射光场之间的明确关系——传输矩阵（TM），即可通过对传输矩阵简单翻转操作实现对视场中任意位置、任意时刻的聚焦与成像。虽然基于传输矩阵的成像能力已得到了广泛的验证，但实际应用中散射介质往往是动态变化的，矩阵中的元素之间一般没有联系，这导致单次测量的TM矩阵会存在适用性问题。2016年，Sylvian Gigan的一个博士生就用高速MEMS器件配合FPGA高速算法，解决动态散射介质矩阵测量问题。这种方法还存在一个严重的实际应用上的问题，那就是需要在成像的目标旁边放置信标光，这几乎不可能。

③ 散斑自相关

这个"牛"得成为 *Nature*、*Science* 常客的技术到今天依然热得不得了，但没有一个在去雾方面"能打"的技术敢站出来，理想的丰满与现实的骨感立马呈现。为什么？答案是边界条件不清楚。散斑形成的条件是什么？尤其是被动情况下，是否还能形成散斑？这些统统不清楚。

④ 门选通法

基于主动照明，其核心在于脉冲激光与选通探测相机通过控制系统在时间上实现同步。比如在初始时刻t_0，主动发出脉冲激光，激光通过复杂环境（如雾、霾、浑浊水体等）后才能到达目标进行探测。假设探测系统与目标的距离为r_0，则在$t<2r_0/c_0$的时间段内（往返时间），探测器保持关闭状态，其中c_0为光速。这样一来，由雾、霾等环境引入的不包含目标信息的背向散射光不能够到达探测器。进而在$t=2r_0/c_0$时刻打开探测器，接收脉冲激光反射回的目标信息。由于该成像系统理论上能有效地减少背向散射光的探测，从而提高了成像质量。门选通技术不仅能够有效地提升复杂环境下成像的信噪比，还能够获得目标的深度信息，实现场景的三维信息获取。

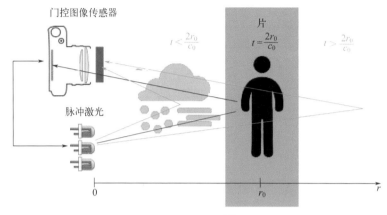

▲门选通成像[78]

⑤ 同步扫描法

将光源（通常为激光器）与探测器放置于固定距离处，并同时扫描成像目标，利用狭窄的光集束以及光源与探测器之间的几何间距，尽可能地避免后向散射光进入探测器中，减少散射介质带来的影响。目前的同步扫描法常采用脉冲式激光源，并与距离选通法相结合，可以进一步提升成像效果。

⑥ 单光子成像法

之前介绍的基于偏振透雾、光学透雾等技术，所使用的探测模块多为传统光电探测器，其灵敏度受限，单个像素点至少需要1nW的能量，折合光子约为$2.51×10^9$个。想要形成一幅400万像素的清晰图像，则需要至少$1×10^{16}$个光子。而与传统探测器不同，单光子探测器可以对单个光子响应。由于探测模式的不同，单光子探测器所使用的单光子雪崩二极管（SPAD），是一类具有反向偏置p-n结的固态光电检测器，在其中光生载流子可以通过碰撞电离机制而触发雪崩电流；SPAD能够检测低强度信号（低至单个光子）。正是由于单光子成像技术的超高灵敏度及皮秒级时间分辨率，使得其在透雾霾成像中大放异彩。根据光在雾霾中飞行时间与遇到目标后反射回的飞行时间差异特性，或者根据散射光子与目标反射光子统计特性差异，我们便可以在时域上对背景光子及目标光子进行区分，从而遴选出携带目标信息的微弱信号。单光子成像技术现阶段已可以实现"雾里看花"，在未来的发展中将会赋能更多新兴技术产业。

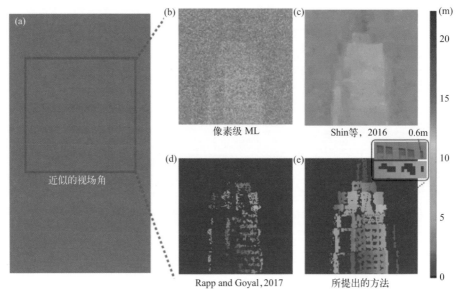

▲ 45km单光子透雾成像结果图[79]

读到这里，你会发现：散射成像的这些方法都是主动成像方式，在被动情况下则毋谈无雾。那么，问题出在哪里？

2. 雾里看花——我们到底能看多远

去雾的本质其实是在问有大气、烟尘、云、雾、霾的情况下，光电成像到底能看多远。

那么，我们应该先来看看没有大气的情况下，光电作用距离到底能达到多少。理想情况下，一个点目标会向4π空间辐射能量，假设其强度为$I(\lambda)$，则经过距离R后，进入一个口径为D的光学系统，在探测器上弥散为$n \times n$像元的光斑，那么，探测目标像元上的能量为：

$$I_P = \int_{\lambda_1}^{\lambda_2} \frac{I(\lambda)D^2}{16n^2R^2} \, \mathrm{d}\lambda$$

对于可见光成像系统而言，目标像元的光子噪声极限信噪比为：

$$SNR = \frac{\alpha I_P}{2e\Delta f}$$

式中，α 为光电转换系数；e 为电子电荷量；Δf 为频带宽度。可以推导出该可见光系统的最大作用距离 R_v 为：

$$R_v = \left[\frac{\alpha D^2 \int_{\lambda_1}^{\lambda_2} I(\lambda) \mathrm{d}\lambda}{32 n^2 e \Delta f SNR_{DT}} \right]^{1/2}$$

式中，SNR_{DT} 为探测系统允许的最小信噪比。

对于红外成像系统，其作用距离跟红外探测系统特性、目标与背景辐射及目标成像尺寸等因素相关，可以基于目标信噪比 SNR 来推导其作用距离 R_{IR}：

$$R_{IR} = \left[\frac{\pi D_0 (NA) D^* (I_t - I_b) \tau_0}{2(\omega \Delta f)^{1/2} SNR} \right]^{1/2}$$

式中，D_0 为系统的通光孔径；NA 为数值孔径，即 $D_0/2f$；D^* 为归一化探测率；I_t 为目标的红外辐射强度；I_b 为背景的红外辐射强度；τ_0 为光学系统透过率；ω 为瞬时视场角；Δf 为等效噪声带宽；SNR 为系统信噪比。上式可以简化为：

$$R_{IR} = [\eta(I_t - I_b)/SNR]^{1/2}$$

式中，系数 η 由探测光学系统的参数决定；I_t 和 I_b 分别为目标和背景的辐射强度，探测系统的作用距离受制于被探测目标的信噪比。

红外成像系统还可以基于噪声等效温差来进行作用距离的估算：

$$R_{IR} = \left[\frac{\Delta T_0 S}{SNR_{DT} \alpha \beta NETD} \right]^{1/2}$$

式中，ΔT_0 是零视距温差；S 是目标面积；SNR_{DT} 是阈值信噪比；$NETD$ 是噪声等效温差；α 和 β 是实际目标的极限分辨角。假设160mm口径的长波红外成像系统对典型目标探测，系统 NETD 达到 20mK，探测距离预计可达到 160km。

当有大气存在时，情况马上会变得复杂起来，因为这个大气太复杂了，不仅存在各种成分的粒子，而且受地理、季节、早晚等环境因素影响，其时变特性像孙悟空的七十二般变化，几乎没有办法能整理出一个准确的模型。大气对光电成像系统的影响主要表现在两方面：能量衰减和光学调制；使得景物信息衰减，图像边缘模糊。光学调制主要是大气对光场的传输方向、偏振方向、相位等的改变。辐射能量衰减的主要原因是大气中气体分子（水蒸气、二氧化碳、臭氧等）、水汽凝结物（冰晶、雪、雾等）及悬浮微粒（尘埃、烟、盐粒、微生物等）的吸收和散射作用。从成像的角度看，吸收使得光辐射衰减，但不会造成图像细节的模糊，而散射除了使辐射衰减外，由于部分散射还会进入探测器，造成图像细节的损失。

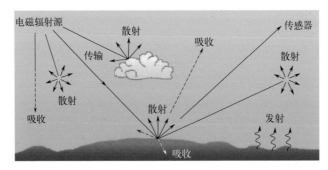

▲大气的吸收和散射

目前，在成像领域中，对于大气的影响多采用Lowtran、Modtran和Hitran不同分辨率的经验模型进行估计，而且，在成像模型中，我们更是简单地用一个大气透过率常数来描述大气对成像的影响：

$$\tau(\lambda, R) = \exp[-(\alpha(\lambda)+\gamma(\lambda))R]$$

式中，$\alpha(\lambda)$是吸收系数；$\gamma(\lambda)$是散射系数；R是作用距离。

这种方法简单粗暴！其实是没办法。

那么，我们到底该怎么来看待大气呢？

把光经过大气之后的光场变化进行分析，大致可以分成三个阶段：弹道光区、散射增强区和强散射（随机游走）区。

当光经过较近距离的大气时，这时候的光传播主要还是以弹道光为主，只有小部分的能量被大气吸收和散射掉，光场分布为线性，我们完全可以用大气透过率来计算辐射，这种情况往往能够看得很清晰。

当光进入散射增强区后，大气的影响越来越严重，成像将随着距离的增加变得越来越模糊，出现了"云里雾里"的那种效果。这时候，光场分布仍可近似为线性，大气透过率依然可以作为经验参数估算作用距离，信号处理、偏振等上文论述的方法基本都可以有条件适用。

随机游走区
散射增强区
弹道光区

▲弹道光区、散射增强区和强散射（随机游走）区

　　当光进入强散射区之后，光场分布将由线性变成了非线性，一个光子的路径逐渐地由直线运动变为随机游走，多径的情况也会出现，大气透过率已然失效，我们在探测器上看到的信息是杂乱无章的一片"噪声"。这时候，机灵的你马上就会想到散射成像。对，散射成像给我们开辟了一条崭新的路，可是这条路通用性很差，只能允许一个侠之大者斩荆披棘勉强闯关，不能跑马车，更不能通汽车。

　　有人问：能不能把大气等效成毛玻璃呢？不能！毛玻璃是固态的、薄的强散射介质，没有时变特性；而云雾不同，是厚的弱散射介质，路径更复杂，且时变特性很强。现在散射成像的研究还多停留在散斑自相关的阶段，这对远距离成像而言实际上是一种取巧，因为对于透过云雾之后散斑的形成机制还没有搞清楚，到底什么情况下能够形成散斑？如果只有部分散斑怎么办？完全没有散斑能不能处理？当散斑或信号完全淹没在背景干扰中还有没有办法去处理？这些都是解决透过烟尘云雾最核心的问题。对了，还有被动情况下散射成像的边界到底在哪里？这些问题都是我们经意与不经意地回避掉了。

　　进一步地，我们再来看看穿透云层成像。云的情况更复杂，不仅有很多种诸如卷积云、层积云的类型，而且，云处的环境也非常复杂，上有烈日照射，下有大气护体，中间还有至今也没有完全研究清楚的"浮云"。当你乘飞机往窗外看一眼那厚厚的云层时，云层反射回来的强光立马会让你的瞳孔恨不得眯成一个能高精度小孔成像的"小孔"，真的是太刺眼了！此时，你能指望从飞机和卫星上穿透浓厚的云层看清楚地面吗？你想想，地面上的辐射/反射光从地面上经历过大气层后，衰减为不到一成的微弱光（穿过大气层还剩多少）在比毛玻璃复杂得多的散射介质（云）中再次经历多次吸收、

▲云雾弥漫的森林

散射等复杂过程，透过去不多的光子不仅失去了原有目标的形状信息，而且相比太阳强烈的反射光，这点信号微弱得简直就是沧海一粟，那么，你还坚信能透过那道云雾成像吗？

3. 心中无雾——让我们看得更清楚

既然云雾难以逃避，不如直接面对。科学的态度是：秉着实事求是的原则，探索去雾的极限问题。

目前，光电成像还属于典型的基于能量探测，而信噪比是衡量能量探测的重要指标。过日子要节省每一个铜板，**看得远就要想办法节省每一个dB**。既然如此，那么就要看看在传播链路上，我们都可以做哪些事情。

从成像的链路上看，光源和大气都是我们改变不了的，剩下能做的只有光学系统、探测器和处理（含成像和图像处理）了。目前，在光电探测应用中，光学系统的透过率在0.7左右，很显然，这里还有很多潜力可挖。在前文《光学系统设计：何去何从》中，已有很多论述。很显然，作用距离能随透过率正比例提升，而透过率达到0.9以上是非常有希望的，而且这么做还有另外一个非常重要的好处，那就是能够简化光学系统，镜头不再那么笨重，并且引入了计算光学方法，环境适应能力更强，对装调和对焦的要求都

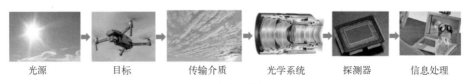

| 光源 | 目标 | 传输介质 | 光学系统 | 探测器 | 信息处理 |

▲全链路成像

会降低，更易使用。

接下来再看探测器。从作用距离的公式上很容易看到：探测器灵敏度越高，就能看得更远。探测器的发展很快，从材料到读出电路，从像元设计到微纳光学引入，都使得探测效率大幅提升。这几个"dB"节省下来，也能"百尺竿头更进一步"。

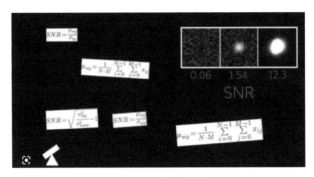

▲不同信噪比下的图像

但这些就足够了吗？

热力学第一定律告诉我们能量守恒，没有平白无故的爱，无中生有是不可能的。同时，热力学第二定律告诉我们，熵增加了，我们无法回到过去，我们要改变无序状态就要努力付出。

既然如此，那么原有的探测方法达到极限时，我们要打破极限，除了节省的哪几个"dB"外，只有"破坏"原有的系统，那就是改变探测方法。

于是，极低信噪比探测技术出现了。当探测器性能已到极限，还想看更远，只能放弃原先的3～5dB。信噪比为0dB时，信号与噪声水平相当，出现了"两兔傍地走，安能辨我是雄雌"的结果。如果再进一步降低至负dB，很显然，难度陡然剧升。前面我多次讲过：当无路可走时，"升维"便是一条新的康庄大路。一个可行的方法就是引入时间积累，通过信号和噪声的统计特性差异进行目标探测。

对，还有散射成像。当我们"心中无雾"、心无旁骛时，冷静地思考：传输矩阵、散斑自相关等方法都是诸多方法的一种而已，一定还有新的规律、新的方法。不区分边界条件套用公式是很幼稚的，现有的方法肯定不适用。那么，我们只有回到前面，从光场的特性入手，研究光场的映射方法。在前文"光场：计算光学成像的灵魂"中，我多次强调要研究光场的非线性变化，研究光场物理特性到"更高、更远、更广、更小、更强"的应用目标做映射变换，突破原先的"点线面"空间格局，像爱因斯坦将时空统一一样，走向曲面映射。我相信，经过你的努力，你的坚持，一定能看到一个不一样的世界。

4. 雾兮雾兮，其形若兮

雾是大自然给我们的馈赠，如同五彩祥云给你带来好运一样。能否透过那道雾霾，最重要的是去掉你心中的那道雾霾。

计算光学成像是建立在光学、信号处理和数学基础上的交叉学科方向，已被达摩院列为"十大科技发展趋势"之一。目前，尽管计算光学成像技术已走向更多的应用领域，但我们应该理性地看到，其理论尚处于婴儿期，无论在计算光学系统设计还是计算探测器的设计，无论散射还是微纳光学的应用，基础理论还欠缺太多。

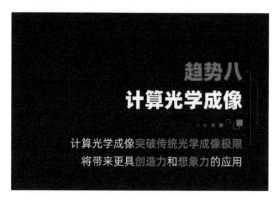

▲达摩院2023十大科技趋势之一（计算光学成像）

我相信：在弱散射成像机理、计算光学系统设计、计算探测器设计和复杂光场的非线性映射等方面，都是去除雾霾的重要突破点。无论有没有经费支持，认准的方向坚持走下去，基础打牢了，就不会掉进自己挖的"坑"里。做打油诗一首：吾误无雾，无雾无悟，雾勿误吾，毋捂雾无。

愿天下无雾！

信息是如何

在光场中传递的

计算光学成像是建立在信息传递的基础上的，光场是计算成像的灵魂，那么，信息是如何在光场中传递的呢？

计算光学成像发展到了一定阶段后，会遇到一个躲不过去的坎儿，那就是"如何评价计算光学成像系统？"当我们说一种成像方法好的时候，总是拿着图像评价方法去应付，虽然在图像层面上能说明一些问题，但是，综合评价指标如何呢？这时候，我们就发现那个旧瓶盛不了新酒，结果也难以服人。计算光学成像学者很快面临的问题就是如何评价成像方法。

计算光学成像既然是"以信息为传递的"，那么，信息一定要作为其评价指标。很显然，信息通过越多，成像系统性能就应该越好。计算成像的目标是五个"更"，即"更高、更远、更广、更小、更强"，而能够传递信息的物理量是强度、相位、偏振、光谱、时间和空间等，那么，自然地，围绕着这些物理量承载的信息去探讨信息传递，一定是评价成像系统性能的必经之路。

本篇将从调制传递函数（Modulation Transfer Function，MTF）讲起，引入信息传递，抛砖引玉，尝试给出信息传递的准则，供研究者一起探讨。

1. MTF，举起了传统成像评价的大旗

传统对光学系统进行评价的方法琳琅满目，其中评价指标MTF使用得最为广泛，最主要的原因是MTF以信息为评价导向，评价最为客观。MTF是一种用来描述光学成像模糊程度的参数，它通常被用来衡量图像对比度和分辨率。传统的MTF一般是一维的。近年来，新的MTF标准提出了二维MTF表示方式，更完整地描述了图像的分辨率、对比度等信息，在光学成像应用中显示出更好的效果。MTF其实是光学传递函数（Optical Transfer Function，OTF）的模值，那么自然而然就会有相位传递函数（Phase Transfer Function，PhTF）。因为OTF是复数，MTF是**实数**，用起来方便，而且MTF能够表征大部分成像系统的性能，自然地，它就变成了主角。

在傅里叶光学中，OTF可以看作是点扩散函数（Point Spread Function，PSF）的傅里叶变换对，用来描述不同空间频率是如何被光学系统捕捉或传输的。MTF作为OTF的模值往往表现为一条关于空间频率的曲线，这个空间频率往往以每毫米多少周期为单位描述，也就是线对（Line Pairs，LP）的概念。

MTF是一种用于描述光学系统对不同频率的光信号的传递效率性能的评

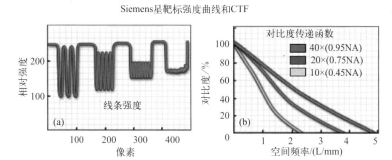

元素	组数												适用于高分辨率
	-2	-1	0	1	2	3	4	5	6	7	8	9	
1	0.250	0.500	1.00	2.00	4.00	8.00	16.00	32.0	64.0	128.0	256.0	512.0	
2	0.280	0.561	1.12	2.24	4.49	8.98	17.95	36.0	71.8	144.0	287.0	575.0	
3	0.315	0.630	1.26	2.52	5.04	10.10	20.16	40.3	80.6	161.0	323.0	645.0	
4	0.353	0.707	1.41	2.83	5.66	11.30	22.62	45.3	90.5	181.0	362.0	—	
5	0.397	0.793	1.59	3.17	6.35	12.70	25.39	50.8	102.0	203.0	406.0	—	
6	0.445	0.891	1.78	3.56	7.13	14.30	28.50	57.0	114.0	228.0	456.0	—	

USAF-1951分辨率测试版每组元素所对应的线对数/mm

▲USAF-1951分辨率靶标及不同组线对对照表

Siemens星靶标强度曲线和CTF

▲不同线对数对应不同空间频率

价指标，即输入信号的变化如何在输出图像中得到保留。通常情况下，可以将光学系统看成具有旋转对称特性的线性不变系统，MTF测量沿着水平或垂

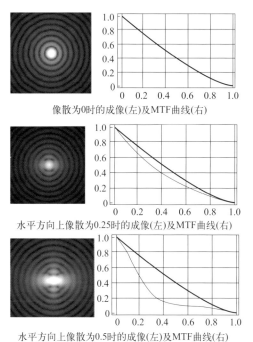

像散为0时的成像(左)及MTF曲线(右)

水平方向上像散为0.25时的成像(左)及MTF曲线(右)

水平方向上像散为0.5时的成像(左)及MTF曲线(右)

▲光学系统的非旋转对称性

直方向变化的空间频率变化并绘制一维曲线。因此，MTF被视为一维信息传递的评价指标，MTF与光学系统的像差和光学系统衍射效果相关，可被用于评价光学系统的成像质量。

然而，实际情况下的图像光强信息是部分或非旋转对称的，这时系统如何截取单一维度方向的传递函数无疑会影响设计人员的设计思路。现有设计软件也都是基于旋转对称条件下的成像质量评价，往往MTF曲线只能观测到子午与弧矢方向，无法真实反映系统物像空间调制情况。如果可以得到物像空间360°全方向的MTF曲线，即三维立体MTF曲线图，就可以让设计人员读取任意方向图像的成像质量，充分优化光学系统。也就是说，MTF也有很多种形式，而这些不同的形式，给我们带来了多角度评价成像系统的手段。

可是，这些MTF曲线往往还是表现出相当的独立性，从系统综合的角度看，很显然还是差距很远。

现在，我们就来深度剖析一下MTF到底传递的是什么物理量，哪些东西丢掉了？其实不难看出，MTF实际上是依据对比度（强度）设计出来的，本质上就是看能够解析出单位空间内有多少条黑白条纹，而这个黑白条纹只是强度信息的周期性表现而已。分析到这里，你就会恍然大悟：以高维度信息获取为目的的计算成像，除了强度之外，还有光谱、相位、偏振、轨道角动量等信息，而这些物理量多以间接形式通过强度反演出来，其包含的信息量却很少有方法去衡量，当然更没有评价体系。最常见的一个词是"保真度"，其字面意思就是与真值的偏离度是多少。可是真值是什么，在很多时候难以述说，主要是测量很困难。最典型的是偏振，我们经常用消光比来衡量偏振片的性能。消光比的定义是通光量的最大值与最小值的比值，理想情况下应该是正无穷，也就是说最小通光量应该是0，但是，实际器件做不到。好的偏振片消光比能达到上万比一，而偏振探测器在小的像元上做偏振栅格，消光比就弱了很多，好一点的100∶1，差的只有30∶1，甚至更差。这些工作仅仅是在器件级别上做的，而在整个成像系统中，怎么去评价，都是我们需要做的工作。于是，对于计算成像而言，这些信息该如何评价，直接影响着计算成像的发展。

2. 熵：从热力学到信息论

（1）热力学中的熵：从克劳修斯到玻尔兹曼
时间回溯到19世纪中叶，欧洲的蒸汽机时代促进了热力学的发展。科学家发现尽管能量间可以相互转化，但在转化过程中，总是有一部分能量会被浪费掉，效率达不到100%，于是就出现了有用功和无用功的概念。于是，1865年，德国物理学家克劳修斯提出了熵（Entropy）的概念，用来描述无法利用的那部分能量。1877年，玻尔兹曼给出了熵的统计物理学解释：熵可以看作是一个系统"混乱程度"的度量，系统越混乱，熵的值越大。

$$S = -K_B \sum_i p_i \ln(p_i)$$

热力学第二定律又被称为"熵增"定律，即一个封闭系统只会趋向于越来越混乱，也就是熵只会增加，不会减少。这个让人绝望的理论甚至告诉我们时间只有一个方向，只能走向未来，回不到过去。

1948年，香农将统计物理中的熵引入到信道通信的过程中，于是开启了信息时代，这个熵也被称为信息熵，或香农熵，而且，这个熵与玻尔兹曼熵有着非常相似的表示形式，只相差一个比例常数。

$$S(p_1, p_2, \cdots, p_n) = -K \sum_i p_i \log_2(p_i)$$

▲熵——衡量系统的无序程度，自左至右展示了熵增过程

（2）熵与信息论的发展史（香农–Rényi–Francia–光学本征理论）

1948年，任职于AT&T贝尔实验室的克劳德·香农通过计算多个离散随机事件出现的概率表征事件发生时提供给我们的信息，发表了他研究十年的

▲香农的《通信的数学原理》

划时代成果《通信的数学原理》，将熵的概念引入到信息论中，用熵解决了信息量化度量的问题。香农提出的信息熵，也称为香农熵。

我们根据上述两个公式，可以认为香农熵与热力学熵在本质上是相同的，只是描述的物理意义有所不同。同时，更应该知道：当熵最大时，系统即处于最混乱的状态。

继信息论创立之日起，世界上光学界的先驱者便致力于把信息论引入光学领域。1961年，匈牙利数学家Alfréd Rényi对香农熵进行推广，进一步提出了任意熵（Rényi Entropy）：

$$H_\alpha(X) = \frac{1}{1-\alpha} \log_b \left(\sum_{i=1}^{n} p_i^\alpha \right)$$

当α为不同数值时，代表不同类型的熵。如当$\alpha=0$，且假设概率不为0时，任意熵退化为最大熵：

$$H_0(X) = \log_b n = \log_b |X|$$

当$\alpha \to 1$时，任意熵退化为香农熵：

$$H_1(X) \equiv \lim_{\alpha \to 1} H_\alpha(X) = -\sum_{i=1}^{n} p_i \log_b p_i$$

当$\alpha=2$时，任意熵退化为碰撞熵：

$$H_2(X) = -\log_b \sum_{i=1}^{n} p_i^2$$

当$\alpha=\infty$时，任意熵退化为最小熵：

$$H_\infty(X) = \min_i(-\log_b p_i)$$

除了衡量事件本身的信息量外，我们还可以用熵来衡量两个随机变量的总信息不确定性以及两个随机变量之间的相互依赖程度，如：

条件熵：

$$H(Y|X) = -\sum_{i=1}^{n} \sum_{j=1}^{m} p_{ij} \log_b p_{ij}$$

联合熵：

$$H(X,Y)=-\sum_{i=1}^{n}\sum_{j=1}^{m}p_{ij}\log_{b}p_{ij}$$

互信息：

$$I(X;Y)=\sum_{i=1}^{n}\sum_{j=1}^{m}p_{ij}\log_{b}\frac{p_{ij}}{p_ip_j}$$

式中，p_{ij} 均表示 $X=i$ 且 $Y=j$ 的联合概率分布；p_i 和 p_j 分别表示 X 和 Y 的边缘概率分布。

条件熵用于衡量在已知条件下的信息不确定性；联合熵用于衡量两个随机变量的总信息不确定性；互信息用于衡量两个随机变量之间的相互依赖程度。

在熵发展的同时，还有一个人在光信息领域也做出了很大的贡献。1955年，美国科学家 G.Toraldo Di Francia 等首先把自由度的概念引入到光学领域，虽然一开始受到人们的争议，但是在 1969 年，Francia 把 Slepian、Pollak 和 Landau 发展的回转球波函数，引入光学创立了光学本征理论，完善地解决了在相干条件下无像差光学系统传递信息量的问题，随后逐渐形成了光学信息论这门独立的学科。

这里还需要说明的一点是：当系统可逆时，熵保持不变，即不会产生热量；而系统不可逆时，会出现熵增，也就是会产生热量。我们来看看计算机常用的几种基本运算：与、非、或、异或，只有"非"和"异或"是可逆的，熵保持不变，即不会产生热量；而"与"和"或"则不可逆，熵增会产生热量。这也是计算机产生热量的重要原因之一。在冯·诺依曼架构下的计算机避免不了"与"和"或"的计算，产生热量是必然的，这也是我们寻求非冯·诺依曼计算架构的原因之一。

那么，在计算光学成像的过程中，熵是怎么变化的呢？信息是如何传递的？怎么设计我们的成像系统才能达到熵增最小呢？这都是我们要去研究的问题。接下来，我们来看看光学成像的信息是如何传递的。

3. 信息在成像链路中的传递

（1）何为信息
什么是信息？"信息"这个词最早出现在五代南唐一位诗人李中的诗

《碧云集·暮春怀故人》中："梦断美人沈信息，目穿长路倚楼台。"

西方科学巨匠Hartley、Wiener等都对信息有独到见解。香农给出的信息的定义是："信息是使不确定性减少的东西。"量子计算领域开拓者之一的赛斯·劳埃德教授在他的书《编程宇宙：量子计算科学家解读宇宙》中写道："信息即物理。"

信息的表现形式有很多，从古代的烽火台到现代的摩斯码，从声音到图像，从视频到元宇宙，这些都是信息的不同表现形式。对于成像而言，自然是希望能够在有限的系统中获取最多的信息量。这其实有两重含义：第一，让更多的信息进入系统；第二，系统能够提取出最大量的信息。我们提出的五个"更"其实就是对信息在不同维度的要求。

（2）光场中的信息传递

在成像链路中，信息的载体通常是光波。在摄像机中，光波会被光学系统及传感器捕获，并通过模数转换器转化成数字信号，进而被记录和解译。在这个过程中，光波所携带的信息也被记录下来，只不过是混叠在了一起，我们从图像上观察到的亮度、色彩、对比度、分辨率及透视效果等信息均是光波在不同维度上的投影；如果我们在光路中引入偏振器件或分光器件，还可以获取光波在偏振及光谱维度的投影。

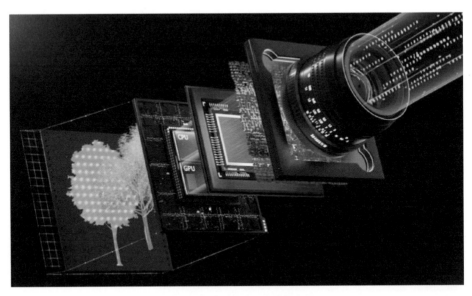

▲信息在成像链路中的传递概念图

那么，光场信息量该如何表示呢？由于光场是一个关于时间、空间、光谱、偏振等物理量的多维函数，因此，一个光场传递信息量的表达式可写成：

$$I = N_{DOF} \log_2(1+m)$$

式中，m 表示光场的信噪比；N_{DOF} 为总自由度数，又可以展开为：

$$N_{DOF} = N_t N_s N_c N_\varphi$$

式中，N_t、N_s、N_c、N_φ 分别定义为时间、空间、颜色和偏振自由度。

由光场传递信息量公式可知，光场信息量 I 与信噪比 m 为对数关系，与总自由度数 N_{DOF} 为线性关系，因此，相比之下，N_{DOF} 的变化对信息量的影响大于 m 的影响。

下面，我们来介绍与 N_{DOF} 相关的理论。

颜色自由度 N_c 由光场的波段数决定，对于单色光场；$N_c=1$；对于复色光场，按照三原色理论，$N_c=3$。

定义偏振自由度 N_φ，考虑光场存在两个独立的偏振态，因此 $N_\varphi=2$。

当考虑动态光场信息量时，需要用到时间自由度 N_t 来表示：

$$N_t = 2(1+\Delta vT)$$

式中，T 为观测时间；Δv 为系统时间带宽。

当 $\Delta vT \geqslant 1$ 时，有：

$$N_t \approx 2\Delta vT$$

最后，我们来讨论空间自由度数 N_s。根据 M.von Laue 的观点，一个相干光场的空间自由度数正比于物(或像)面积和光学系统空间频率带宽积。设单色光场像分布为矩形，并且在 x、y 方向的尺寸分别为 L_x 和 L_y。若讨论的光学系统为具有矩形孔径的理想无像差系统，其在 x、y 方向上的像方孔径角为 $2\alpha_x$ 和 $2\alpha_y$，则系统的空间自由度为：

$$N_s = \left(1 + \frac{L_x k \sin\alpha_x}{\pi}\right)\left(1 + \frac{L_y k \sin\alpha_y}{\pi}\right)$$

式中，k 指代波矢。

但为什么写成这种形式，M.von Laue 本人并未作进一步解释，后经 Gabor、Gamo、Miyamoto 等人的努力才搞清楚空间自由度数 N_s 与一个空间频带受限的光信号的抽样点数之间的关系。

可见，光场自由度学说可以说是光信息量化的依据。当然，光波与光路中遇到的任何介质发生相互作用后得到的调制结果也是信息，采用数字信号的方式对这些光信息进行记录、传递和编码，是我们处理信息常见的手段。

（3）全链路中的信息传输

在传统的光学系统中，MTF可以用来评估系统的性能。但是在计算光学成像过程中，颠覆传统光学设计方法，以信息传递为准则取代传统成像中的像差约束。计算成像全链路中信息是以复数的方式进行传递，现有的单一维度的评价体系难以对高维信息在信道中的传递效率直接评价，其在信道中传递效率的评价投影在图像上即为图像质量评价指标，投影在光学系统上即表现为光学系统设计评估参数。计算光学系统设计方法，如光学-图像联合设计、端到端设计方法，以成像质量为目的，联合优化图像质量与光学系统参数，该过程可以看作统筹了光学系统和最终成像两个阶段的低维评价指标对高维信息传递过程的描述，较传统单一维度的评价指标更准确，从而在一定程度上表述了高维信息的传递。通过对比以往的评价指标，以信息为导向的评价指标更具有说服力，并且可以融合多个维度的信息量，评价更加客观、更加准确。

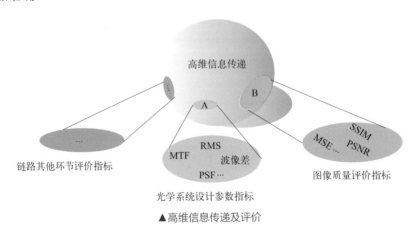

▲高维信息传递及评价

传统光电成像模型的物理过程是线性描述的，成像与重构过程存在分立性，这中间会产生近似误差，无法准确反映复杂、多变的成像过程。图像处理的过程基于实数变换，存在信息维度的丢失，无法表征真实成像过程中多个维度的物理信息。计算成像针对传统成像模型问题，建立新型成像模型，将物理成像过程与图像处理相统一，引入非线性与复场变换，综合考虑成像系统间的关联信息，最终实现真实物理场景的准确描述；也可以在成像链路中加入主动调控手段，拓展信息获取路径或维度，优化光信号采集，拥有更高成像自由度和灵活性。

未来视界：计算光学带来的成像革命

因此，从新型成像模型的建立，新型探测器的研制到统筹物理与信息域，全链路优化，计算成像技术将光源、传播路径、光学系统和处理电路等以全局观点进行描述，打破了传统光电成像技术的分立式表征方法，由传统成像链路的单一计算和独立优化转向全链路成像设计优化，从多个渠道突破传统光电成像的局限。

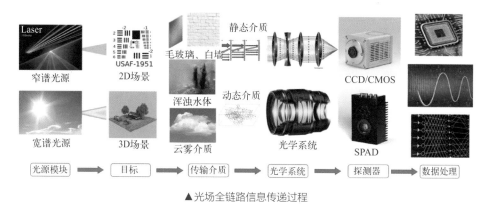

▲ 光场全链路信息传递过程

计算光学系统设计是根据任务需求，设计高维度信息编码调制方法，信息在成像全链路传递，光学系统衔接上下游，保证需求信息的信息维度和信息量，计算成像技术以成像信息传递为驱动实现全局优化的一体化设计。

光学系统成像受口径限制，高频信息丢失；目标经大气、生物组织等介质会导致信息混叠及部分信息丢失，无法获取理想成像效果；探测器失配、使用校准等问题；计算机处理过程量化精度误差及数字之殇；这些均会导致信息丢失并造成熵增。所以建立能够评价全链路"熵增"的评价体系以全面实现信息传递的评估，实现以信息传递为最优的计算光学系统设计十分重要。

目前的光学-图像联合设计方法就是迈向全信息评价的第一步，该方法

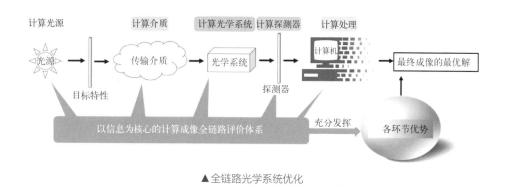

▲ 全链路光学系统优化

不局限于端对端的处理方式及线性一一映射关系，能够更充分地发挥成像链路中各环节的特点和优势，实现成像效果的较优解。

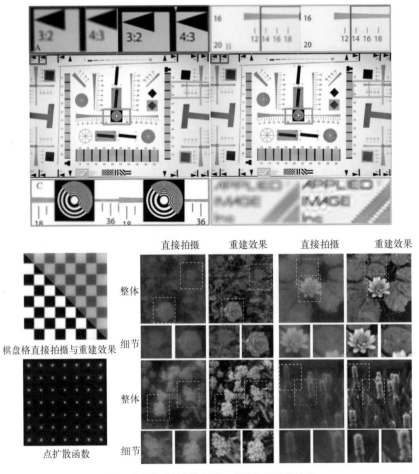

▲单一模块优化结果与系统−算法协同优化结果

4. 信息容量与解译

（1）空间带宽积

一般认为：信息的容量受到口径的限制，口径越大，信息总量就越大。

空间带宽积（Space Bandwidth Product, SBP）经常用来描述光学系统的信息通量，它是一个无量纲物理量，定义为透镜像面面积与最小可分辨像点面积的比值，表征了一个给定视场的光学系统可以清晰分辨（像点无重叠）

的像点数目。SBP越高，图像所包含的信息量就越大。其英文定义为："The number of pixels required to capture the full area at full resolution"，意即光学系统在满足奈奎斯特-香农采样定理的分辨率条件下（即"at full resolution"，像元尺寸需要小于或等于系统衍射极限的一半）采集全视场（Full Area）所需要的像素数。以显微镜系统为例，采用尼康公司10×/0.45 CF160物镜，放大率 M = 10，NA = 0.45，视场数（Field Number，FN）= 25mm，波长 λ 取500nm，则该系统的SBP为42.7×10^6像素。

$$SBP = \frac{\pi \times (\frac{1}{2} \times \frac{FN}{M})^2}{(\frac{1}{2} \times \Delta)^2}$$

一个系统的 SBP 可以无限增长吗？答案当然是否定的。Lohmann最先发现了透镜系统遵循的比例法则，透镜系统比例法则是指透镜系统整体成比例缩放得到不同尺度的光学系统，尺度越大，获取的信息量越大。这只是理想情况，即只存在于衍射极限光学系统中，如果考虑系统像差，结果必然大不相同。

下图中一共有三条曲线：当尺度很小，系统为衍射极限系统时，$SBP \propto M^2$（红线）。随着尺度的增大，渐渐不可忽视像差对信息传递的影响，尺寸的增大导致 SBP 缓慢增加，直到即使尺度增大也不会带来信息增加（绿线），这便是传统光学系统设计的瓶颈。为了改善这一极限，不得已耗费大量人力物力去重新优化系统，很多时候效果也一般，"事倍功半"。当发展到计算成像时代时，我们要进一步思考：这么做到底值不值得！

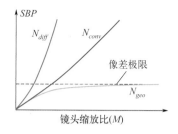

▲不同光学系统放缩比 M 下 SBP 的变化

光学系统的 SBP 取决于两方面因素——**视场与分辨率**，因此可以从视场的扩大与分辨率的提高两个方面来提高 SBP。基于视场扩大的SBP拓展技术又可以细分为**多探测器/多孔径成像**与**单成像系统扫描拼接**两类技术。其中**多探测器/多孔径成像**的典型代表包含本团队自主设计的**广域相机**及**多孔径**

相机，其相机样机及成像结果如下图所示。

▲广域相机及成像结果

▲多孔径相机及成像结果

单成像系统扫描拼接通常采用高放大倍率光学系统以获取高分辨率图像，然后通过扫描拼接的方式得到大视场图像，典型的应用是病理切片扫描仪，下图所示为本团队青年教师自主设计的**基于单帧实时自动对焦的全切片扫描显微成像系统**。

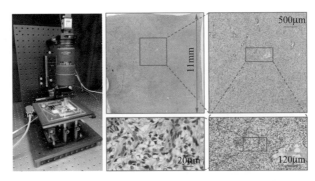

▲基于单帧实时自动对焦的全切片扫描显微成像系统

基于分辨率提升的SBP拓展技术仅利用单个成像系统先获取较大的成像视场，然后采用高分辨率重建算法获取高分辨率成像结果，实现大视场高分辨率成像，以此达到高SBP成像。典型的有美国康涅狄格大学郑国安教授课题组提出的**高通量叠层成像技术**，又可以细分为**基于透镜系统的傅里叶叠层显微成像技术和基于无透镜系统的编码叠层显微成像技术**，分别如下图所示。

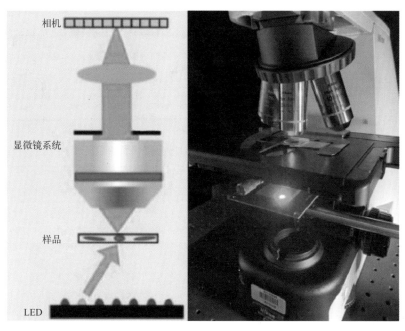

▲傅里叶叠层显微成像系统

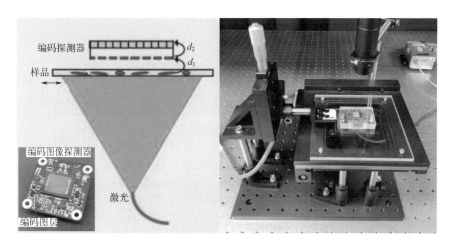

▲无透镜编码叠层显微成像系统

（2）光信息编码

在通信系统中，信息是可以压缩的，可以编码的；对光电成像而言，光信息是否可以压缩，以编码的形式进入到系统中呢？图像经过傅里叶变换，我们知道信息有低频、中频和高频。高频信息在频谱中占的能量很小，但如果缺失，则会造成图像模糊，细节丢失；如果没有低频，整个图像都会变得暗淡，那是图像能量最集中的区域；而丢失了中频，图像的层次就会失去。这其实告诉我们，想看到一个轮廓很容易实现，而想看得"细致入微"则需要付出很高的代价，这个代价其实就是获取体现细节的高频，往往需要更大的口径。既然如此，能不能重新分配低频、中频和高频信息，在保证口径不变的情况下，通过所需要的信息？我们知道，凸透镜成像可以认为是在频率域中做傅里叶变换，那就是说我们的镜头对高、中、低频都是线性作用的，也就是说，不可能实现信息频率的重组，想重新分配这些频率是不可能的，除非采用非传统透镜的模式。对，非传统透镜可以打破这种限制，比如散射"镜头"，更高频率的光信息通过曲折的多径状态，把在传统凸透镜不可能进入到成像系统的光线纳入，可以突破口径的限制。可是，这种散射透镜的中低频信息获取能力很差，成像效果也很差。

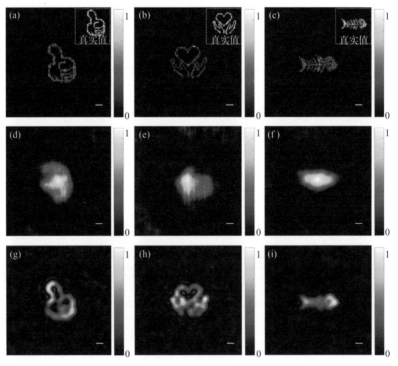

▲散射透镜实现超分辨率成像

我在前面讲过，计算成像的基本思维是升维，上面的这些说法是不是还停留在低维度上的思考呢？没错，我们更进一步去思考：哪些信息是简并的，在口径不变的情况下传递更多的信息？传统成像中，我们大部分只考虑强度信息，而相位、偏振等都没有考虑，尽管这些信息其实已经进入了光学系统。这是我们做计算成像更应该考虑的问题，这其实是编码问题，详见《计算成像的编码，该怎么编》一章。因为那五个"更"的需求，就决定了更多"定制"的信息是如何进入到系统，最后解译出来。

（3）信息解译

信息的解译依赖于算法，算法为上乎？那要看算法的承载基础是什么。算法的潜力很大，但总是有极限的。图像处理的知识告诉我们：图像处理后信息只会减少，不会增加！严格地讲：凡是不可逆的计算，熵只会增加，不会减少。而且，数字图像处理的算法几乎没有可逆的，仅仅是一个"数字计算"，就很难保证算法的可逆，我把它称为"数字之殇"，具体可参考《计算光学成像中的数学问题思考》一章。信息不会无中生有，那么算法恢复所获得的MTF曲线质量提升的信息来自哪里？事实上，这些额外"增长"出的图像信息的源头往往来自目标场景中物体特征的先验知识，如果没有这些条件，算法的恢复效果也不过是"无米之炊"。那么，算法的极限受什么制约？答案就是光电成像系统获得的物理信息总量。正如热力学第二定律所言，只有开放的系统才能突破原算法的极限，即：要有新的输入。典型的例子就是深度学习，依靠的是大数据作为输入获得强大的算法能力，这也恰恰验证了热力学第一定律：能量守恒！

5. 总结

目前，评价计算成像系统性能的体系还没有，多采用传统成像的MTF和图像质量评价方法去评价计算成像，很显然，这些方法捉襟见肘，结果也难以令人信服。建立计算成像的评价体系是计算成像技术健康发展的需求，不能缺失。从上述分析来看，熵应该成为评价体系的主角，客观评价信息在成像链路中的传递。当然，计算成像是面向应用的，应用的目的性体现在五个"更"，不是仅仅看"图像质量"。这个图像质量是依靠算法完成的，目的性很强，还是瞄准这五个"更"，肯定会出现熵增的情况，如何评价算法，也是我们要研究的内容之一。当然，图像是成像最终的表现，图像的评价体系也可以作为辅助参考，这需要我们设计一个完整的评价体系。

因为很多人还没有意识到评价的重要性，研究的人员也很少。不少学者在听了我做的《计算成像的信息传递与评价》报告后，对计算成像的评价方法很感兴趣。

本书的目的也是抛砖引玉，限于篇幅，很多问题只是列举出来，没有讲清楚，后续图书中，我会做进一步的解释。

［1］邵晓鹏，刘飞，李伟，等. 计算成像技术及应用最新进展 [J]. 激光与光电子学进展，2020，57(2): 20001.

［2］邵晓鹏，苏云，刘金鹏，等. 计算成像内涵与体系（特邀）[J]. 光子学报，2021, 50(5): 1.

［3］R. Ng, M. Levoy, M. Brédif, et al. Light field photography with a hand-held plenopic camera [J]. Technical Report CTSR 2005-02, 2005, CTSR.

［4］J. C. Yang, M. Everett, C. Buehler, et al. A real-time distributed light field camera [Z]. Proceedings of the 13th Eurographics workshop on Rendering. Pisa, Italy; Eurographics Association. 2002: 77.

［5］A. Levin, R. Fergus, F. Durand, et al. Image and depth from a conventional camera with a coded aperture [J]. ACM Trans. Graph., 2007, 26(3): 70.

［6］L. H. V. Wang, S. Hu. Photoacoustic tomography: In vivo imaging from organelles to organs [J]. Science, 2012, 335(6075): 1458.

［7］M. Khorasaninejad, W. T. Chen, R. C. Devlin, et al. Metalenses at visible wavelengths: Diffraction-limited focusing and subwavelength resolution imaging [J]. Science, 2016, 352(6290): 1190.

［8］E. Tseng, S. Colburn, J. Whitehead, et al. Neural nano-optics for high-quality thin lens imaging [J]. Nature Communications, 2021, 12(1).

［9］D. Gottlieb, O. Arteaga. Mueller matrix imaging with a polarization camera: Application to microscopy [J]. Optics Express, 2021, 29(21): 34723.

［10］F. Liu, L. Cao, X. P. Shao, et al. Polarimetric dehazing utilizing spatial frequency segregation of images [J]. Applied Optics, 2015, 54(27): 8116.

［11］F. Liu, Y. Wei, P. L. Han, et al. Polarization-based exploration for clear underwater vision in natural illumination [J]. Optics Express, 2019, 27(3): 3629.

［12］F. Liu, P. L. Han, Y. Wei, et al. Deeply seeing through highly turbid water by active polarization imaging [J]. Optics Letters, 2018, 43(20): 4903.

［13］P. L. Han, Y. D. Cai, F. Liu, et al. Computational polarization 3d: New solution for monocular shape recovery in natural conditions [J]. Optics and Lasers in Engineering, 2022, 151.

［14］I. Vellekoop, C. Aegerter. Focusing light through living tissue [M]. Bellingham SPIE, 2010.

［15］M. Mulansky. Localization properties of nonlinear disordered lattices [J]. 2009.

［16］J. Bertolotti, E. G. van Putten, C. Blum, et al. Non-invasive imaging through opaque scattering layers [J]. Nature, 2012, 491(7423): 232.

［17］O. Katz, P. Heidmann, M. Fink, et al. Non-invasive single-shot imaging through scattering layers and around corners via speckle correlations [J]. Nature Photonics, 2014, 8(10): 784.

［18］ T. Wu, O. Katz, X. Shao, et al. Single-shot diffraction-limited imaging through scattering layers via bispectrum analysis [J]. Optics Letters, 2016, 41(21): 5003.

［19］ L.Zhu, Y. Wu, J.Liu, et al. Color imaging through scattering media based on phase retrieval with triple correlation [J]. Optics and Lasers in Engineering, 2020,124.

［20］ T. F. Wu, J. Dong, S. Gigan. Non-invasive single-shot recovery of a point-spread function of a memory effect based scattering imaging system [J]. Optics Letters, 2020, 45(19): 5397.

［21］ W. Li, J. T. Liu, S. F. He, et al. Multitarget imaging through scattering media beyond the 3d optical memory effect [J]. Optics Letters, 2020, 45(10): 2692.

［22］ L. Zhu, F. Soldevila, C. Moretti, et al. Large field-of-view non-invasive imaging through scattering layers using fluctuating random illumination [J]. Nature Communications, 2022, 13(1).

［23］ W. Li, T. L. Xi, S. F. He, et al. Single-shot imaging through scattering media under strong ambient light interference [J]. Optics Letters, 2021, 46(18): 4538.

［24］ C. Wu, J. J. Liu, X. Huang, et al. Non-line-of-sight imaging over 1.43 km [J]. Proceedings of the National Academy of Sciences of the United States of America, 2021, 118(10).

［25］ B. Wang, M. Y. Zheng, J. J. Han, et al. Non-line-of-sight imaging with picosecond temporal resolution [J]. Physical Review Letters, 2021, 127(5).

［26］ E. G. van Putten, D. Akbulut, J. Bertolotti, et al. Scattering lens resolves sub-100 nm structures with visible light [J]. Physical Review Letters, 2011, 106(19).

［27］ C. F. Guo, J. T. Liu, T. F. Wu, et al. Tracking moving targets behind a scattering medium via speckle correlation [J]. Applied Optics, 2018, 57(4): 905.

［28］ C. Max. Introduction to adaptive optics and its history [J]. 2001.

［29］ Z. J. Wu, W. B. Guo, Y. Y. Li, et al. High-speed and high-efficiency three-dimensional shape measurement based on gray-coded light [J]. Photonics Research, 2020, 8(6): 819.

［30］ A. Barty, K. A. Nugent, D. Paganin, et al. Quantitative optical phase microscopy [J]. Optics Letters, 1998, 23(11): 817.

［31］ 付芸，王天乐，赵森. 超分辨光学显微的成像原理及应用进展 [J]. 激光与光电子学进展，2019, 56(24): 240002.

［32］ P. Debevec, T. Hawkins, C. Tchou, et al. Acquiring the reflectance field of a human face [Z]. Proceedings of the 27th annual conference on Computer graphics and interactive techniques. ACM Press/Addison-Wesley Publishing Co. 2000: 145.10.1145/344779.344855.

［33］ 于湘华，刘超，柏晨，等. 光片荧光显微成像技术及应用进展 [J]. 激光与光电子学进展，2020, 57(10): 100001.

［34］ E. Edrei, G. Scarcelli. Optical focusing beyond the diffraction limit via vortex-assisted transient microlenses [J]. ACS Photonics, 2020, 7(4): 914.

［35］ R. Raskar, A. Agrawal, J. Tumblin. Coded exposure photography: Motion deblurring using fluttered shutter [J]. ACM Transactions on Graphics, 2006, 25(3): 795.

［36］ A. Levin, R. Fergus, F. Durand, et al. Image and depth from a conventional camera with a coded aperture [J]. ACM Transactions on Graphics, 2007, 26(3).

［37］ 王新华，欧阳继红，庞武斌. 压缩编码孔径红外成像超分辨重建 [J]. 吉林大学学报 (工学版)，2016, 46(04): 1239.

［38］ W. Shi, J. Caballero, F. Huszar, et al. Real-time single image and video super-resolution using an efficient sub-pixel convolutional neural network, F 2016〕. IEEE.

［39］ M. Broxton, L. Grosenick, S. Yang, et al. Wave optics theory and 3-d deconvolution for the light field microscope [J]. Optics Express, 2013, 21(21): 25418.

［40］ 殷永凯，张宗华，刘晓利，等. 条纹投影轮廓术系统模型与标定综述 [J]. - 红外与激光工程，2020, - 49(- 3).

［41］ N. Antipa, G. Kuo, L. Waller. Lensless cameras: May offer detailed imaging of neural circuitry [J]. Biophotonics International, 2018, 25: 28.

［42］ 郭成飞. 全切片成像方法研究 [D]. 西安：西安电子科技大学，2022.

［43］ 黄国瑞，肖天明. Hs － 2000 型双反射镜补偿式高速摄影系统研究 [J]. 光电工程，1994, (02): 1.

［44］ 李景镇. 转镜式超高速成像技术进展（特邀）[J]. 光子学报，2022, 51(7): 0751402.

［45］ 李剑，刘宁文，肖正飞，等. 可用于多幅纹影照相的超高速光电分幅相机光学系统设计 [J]. 光电工程，2014, 41(10): 38.

［46］ L. Gao, J. Y. Liang, C. Y. Li, et al. Single-shot compressed ultrafast photography at one hundred billion frames per second [J]. Nature, 2014, 516(7529): 74.

［47］ M. Fujimoto, S. Aoshima, M. Hosoda, et al. Femtosecond time-resolved optical polarography: Imaging of the propagation dynamics of intense light in a medium [J]. Optics Letters, 1999, 24(12): 850.

［48］ T. Kakue, K. Tosa, J. Yuasa, et al. Digital light-in-flight recording by holography by use of a femtosecond pulsed laser [J]. IEEE Journal of Selected Topics in Quantum Electronics, 2012, 18(1): 479.

［49］ Z. Y. Li, R. Zgadzaj, X. M. Wang, et al. Single-shot tomographic movies of evolving light-velocity objects [J]. Nature Communications, 2014, 5.

［50］ K. Nakagawa, A. Iwasaki, Y. Oishi, et al. Sequentially timed all-optical mapping photography (stamp) [J]. Nature Photonics, 2014, 8(9): 695.

［51］ F. Y. Liao, Z. Zhou, B. J. Kim, et al. Bioinspired in-sensor visual adaptation for accurate perception [J]. Nature Electronics, 2022, 5(2): 84.

［52］ F. Wang, H. Wang, H. C. Wang, et al. Learning from simulation: An end-to-end deep-learning approach for computational ghost imaging [J]. Optics Express, 2019, 27(18): 25560.

［53］ J. R. Cai, H. Zeng, H. W. Yong, et al. Toward real-world single image super-resolution: A new benchmark and a new model [J]. 2019 Ieee/Cvf International Conference on Computer Vision (Iccv 2019), 2019: 3086.

［54］ H. Blom, H. Brismar. Sted microscopy: Increased resolution for medical research? [J]. Journal of

Internal Medicine, 2014, 276(6): 560.

[55] V. Adam. Mechanistic studies of photoactivatable fluorescent proteins: A combined approach by crystallography and spectroscopy [D], 2009.

[56] X. Z. Ou, R. Horstmeyer, C. H. Yang, et al. Quantitative phase imaging via fourier ptychographic microscopy [J]. Optics Letters, 2013, 38(22): 4845.

[57] Y. Jiang, Z. Chen, Y. M. Hang, et al. Electron ptychography of 2d materials to deep sub-angstrom resolution [J]. Nature, 2018, 559(7714): 343.

[58] J. Hecht. New twists on superlenses improve subwavelength microscopy [J]. Laser Focus World, 2014, 50(8): 33.

[59] G. A. Zheng, S. A. Lee, Y. Antebi, et al. The epetri dish, an on-chip cell imaging platform based on subpixel perspective sweeping microscopy (spsm) [J]. Proceedings of the National Academy of Sciences of the United States of America, 2011, 108(41): 16889.

[60] Y. C. Wu, A. Ozcan. Lensless digital holographic microscopy and its applications in biomedicine and environmental monitoring [J]. Methods, 2018, 136: 4.

[61] C. F. Guo, S. W. Jiang, L. M. Yang, et al. Depth-multiplexed ptychographic microscopy for high-throughput imaging of stacked bio-specimens on a chip [J]. Biosensors & Bioelectronics, 2023, 224.

[62] T. B. Pittman, Y. H. Shih, D. V. Strekalov, et al. Optical imaging by means of two-photon quantum entanglement [J]. Physical Review A, 1995, 52(5): R3429.

[63] W. Fan, B. Yan, Z. B. Wang, et al. Three-dimensional all-dielectric metamaterial solid immersion lens for subwavelength imaging at visible frequencies [J]. Science Advances, 2016, 2(8).

[64] E. Cubukcu, K. Aydin, E. Ozbay, et al. Subwavelength resolution in a two-dimensional photonic-crystal-based superlens [J]. Physical Review Letters, 2003, 91(20).

[65] H. C. Cheng, S. Liu, P. Li, et al. Femtosecond laser plasmonic nano-printing metasurfaces for multiple-dimensional manipulation of light fields [J]. Optics Letters, 2022, 47(9): 2290.

[66] N. Fang, H. Lee, C. Sun, et al. Sub-diffraction-limited optical imaging with a silver superlens [J]. Science, 2005, 308(5721): 534.

[67] 朱业传，苑伟政，虞益挺. 表面等离子体平面金属透镜及其应用 [J]. 中国光学（中英文），2017, 10(2): 149.

[68] R. Zhang, Y. Zhang, Z. C. Dong, et al. Chemical mapping of a single molecule by plasmon-enhanced raman scattering [J]. Nature, 2013, 498(7452): 82.

[69] I. Kim, K. D. Kihm. Measuring near-field nanoparticle concentration profiles by correlating surface plasmon resonance reflectance with effective refractive index of nanofluids [J]. Optics Letters, 2010, 35(3): 393.

[70] E. T. F. Rogers, J. Lindberg, T. Roy, et al. A super-oscillatory lens optical microscope for subwavelength imaging [J]. Nature Materials, 2012, 11(5): 432.

[71] N. F. Yu, P. Genevet, M. A. Kats, et al. Light propagation with phase discontinuities: Generalized laws of reflection and refraction [J]. Science, 2011, 334(6054): 333.

［72］ S. M. Wang, P. C. Wu, V. C. Su, et al. Broadband achromatic optical metasurface devices [J]. Nature Communications, 2017, 8.

［73］ E. Arbabi, S. M. Kamali, A. Arbabi, et al. Full-stokes imaging polarimetry using dielectric metasurfaces [J]. ACS Photonics, 2018, 5(8): 3132.

［74］ M. Khorasaninejad, W. T. Chen, A. Y. Zhu, et al. Multispectral chiral imaging with a metalens [J]. Nano Letters, 2016, 16(7): 4595.

［75］ K. M. He, J. Sun, X. O. Tang. Single image haze removal using dark channel prior [J]. IEEE Transactions on Pattern Analysis and Machine Intelligence, 2011, 33(12): 2341.

［76］ B. L. Cai, X. M. Xu, K. Jia, et al. Dehazenet: An end-to-end system for single image haze removal [J]. IEEE Transactions on Image Processing, 2016, 25(11): 5187.

［77］ S. Fang, X. S. Xia, X. Huo, et al. Image dehazing using polarization effects of objects and airlight [J]. Optics Express, 2014, 22(16): 19523.

［78］ T. Gruber, M. Bijelic, W. Ritter, et al. Gated imaging for autonomous driving in adverse weather, F, 2019 [C].

［79］ Z. P. Li, X. Huang, Y. Cao, et al. Single-photon computational 3d imaging at 45 km [J]. Photonics Research, 2020, 8(9): 1532.